S

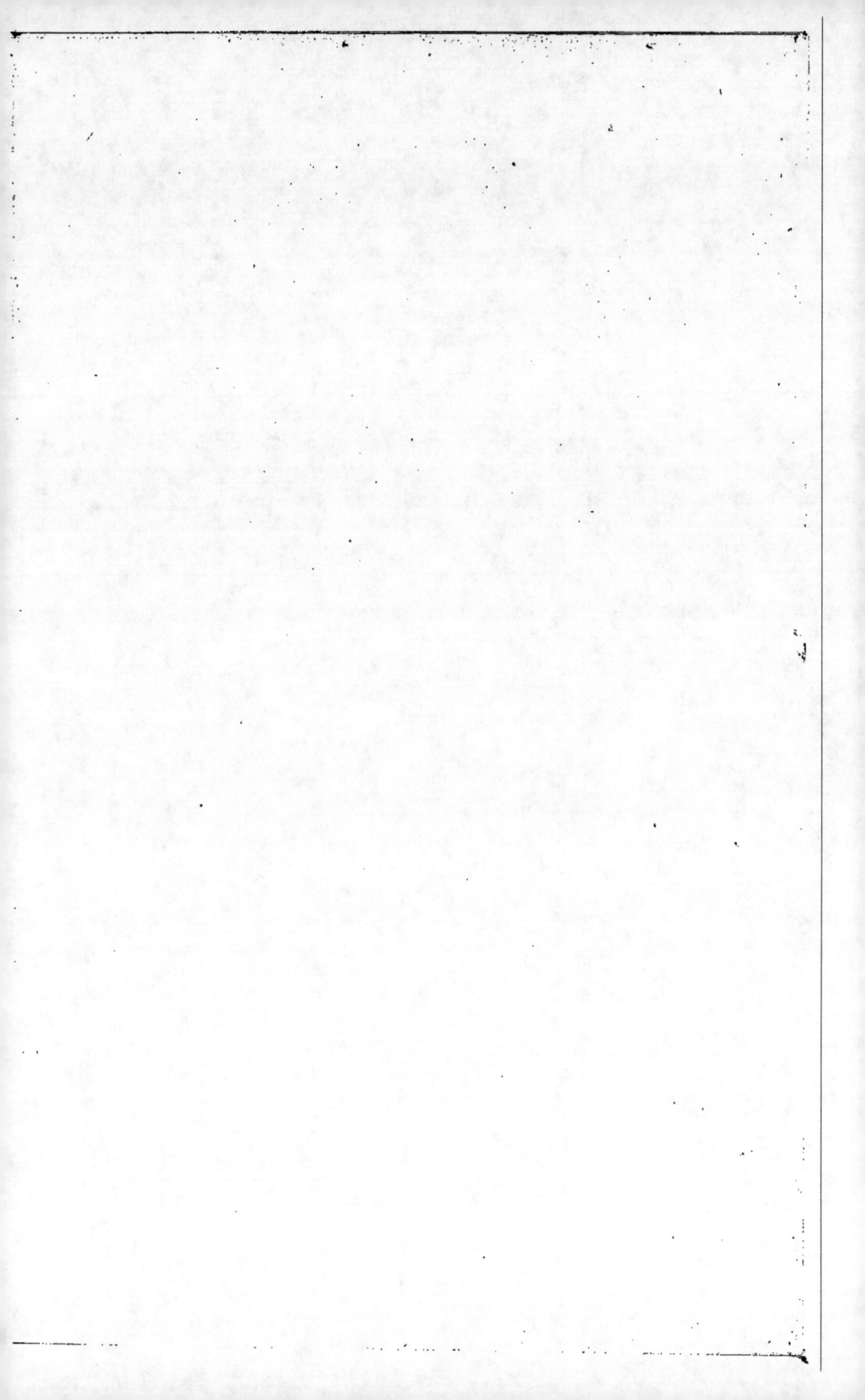

EXCURSION BOTANIQUE

DIRIGÉE

EN SAVOIE ET EN SUISSE

PAR

M. Ad. CHATIN,

Professeur de botanique à l'École supérieure de pharmacie de Paris.

Extrait du Bulletin de la Société botanique de France

(Tome huitième.)

◄—◄◦►—►

PARIS

IMPRIMERIE DE L. MARTINET

RUE MIGNON, 2

1861

1862

C

EXCURSION BOTANIQUE

EN SAVOIE ET EN SUISSE

PREMIÈRE PARTIE.

Le 31 juillet 1860, à deux heures du soir, nous quittions, au nombre de 195, Paris pour Genève, rapidement emportés par ces voies ferrées qui bientôt donneront l'Europe pour rayon à la flore parisienne. Qu'il est loin le temps où, tantôt avec M. Clarion, qui connaissait si bien et les espèces et les localités, tantôt avec M. A. de Jussieu, dont les vues ingénieuses sur les rapports des groupes naturels entre eux trouvaient aux herborisations l'occasion de se manifester en fins et rapides aperçus, quelquefois avec M. A. Richard, tous maîtres aimés et regrettés, nos grandes expéditions étaient Montmorency, Saint-Léger et Fontainebleau : Montmorency à qui on consacrait deux jours, Saint-Léger et Fontainebleau qui exigeaient trois ou quatre jours.

Déjà le train qui nous emportait traversait Montbard, quand, au cri de : *Vive Buffon!* tous les mouchoirs flottent aux portières des wagons. C'est notre troupe qui salue le prince des naturalistes français, ancien seigneur de Montbard, l'émule et le rival du grand Linné, si l'on peut être rivaux quand, avec des esprits divers, on suit les routes les plus différentes.

A Mâcon, un train spécial, disposé d'avance, nous conduisit directement à Genève, où nous arrivâmes dès sept heures et demie du matin.

Pendant un court arrêt à la gare d'Ambérieux, nous avions fait ample provision, sur les sables mêmes de la voie, du *Polycnemum arvense* L., plante peu commune dans nos herborisations parisiennes. Au sortir des gorges pittoresques de la chaîne jurassique, nous avions aperçu, quelques instants avant d'entrer à Genève, de petits bois montueux où viennent fréquemment herboriser les étudiants de cette cité savante (1).

A quatre heures de l'après-midi, nous quittions Genève (au moment de notre passage dans une grande effervescence politique) sur de nombreux véhicules, qu'un loueur de Carouge, plus accommodant que ses confrères de Genève, mit à notre disposition.

Nous avions quitté Genève seulement depuis quelques minutes, quand, traversant le village et passant le pont du Foron, nous nous trouvâmes dans la nouvelle France, la Savoie, dont les habitants allaient nous faire un accueil empressé.

Laissant à droite les Salèves, dont la végétation est passée, nous étions, dès cinq heures et demie, installés à Bonneville, quelques-uns dans les hôtels, la plupart chez les habitants qui nous avaient enlevés à la descente de voiture. Ma bonne étoile me livra à M. l'avocat Wachez, naturaliste distingué, qui viendra bien un jour, je l'espère, herboriser à Paris. Un autre avocat de Bonneville, M. Moret, voulut bien se charger des dispositions à prendre à Chamounix pour le jour où nous y arriverions. M. Rey, juge de paix, géologue et grand chasseur de chamois, reçut un grand nombre des nôtres et voulut être de l'expédition du lendemain à la montagne du Brizon, où il possède une ferme qui devait, dans l'après-midi de ce jour-là, être une hôtellerie.

Le 2 août, il était six heures et demie du matin, quand, ayant expédié nos *impedimenta* sur Cluses, nous partîmes, dirigés par M. Dumont, pharmacien, savant botaniste et géologue, par M. Rey, juge de paix, et par M. Timothée, intrépide chasseur des plantes rares de la contrée, sur la chaîne du Berger ou du Vergy, qui s'élève de l'autre côté de l'Arve, en face du Môle, et que souvent on nomme le *Brezon* (par l'altération de *Brizon*), quoique le Mont-Brizon, ou d'Andey, ne soit que l'un des étages inférieurs ou des contre-forts de la haute chaîne.

Après avoir passé l'Arve sur un beau pont (2), au delà duquel s'élève, sur une colonne de 22 mètres de hauteur, la statue du roi Charles-Félix (qui endigua le mobile et impétueux torrent), nous traversâmes rapidement la vallée où se pressent des espèces parisiennes, pour arriver au pied du rocher, où tout à

(1) La journée se passa vite. On visita le Jardin-des-plantes, le Musée académique, la cathédrale byzantine, que dégrade un portique corinthien, les aigles de la boucherie (entretenus par la ville comme les ours le sont à Berne), l'île de Jean-Jacques, au milieu des eaux du lac (alt. 374 m), avec tous ses instruments météorologiques, la maison de Jean-Jacques et Ferney. Plusieurs de nous furent assez heureux pour offrir leurs hommages à M. Alph. De Candolle, digne fils du plus grand botaniste de notre siècle. On sait qu'un beau travail sur le *Suber* vient de donner aux botanistes la bonne nouvelle que la savante dynastie comptera avec orgueil un troisième nom, celui du jeune Casimir De Candolle.

(2) Au pont même nous prenons : *Campanula pusilla* Hænke, *Gypsophila repens* L. et *Corydalis lutea* DC.

coup commença l'un des plus riches butins d'espèces alpines qu'il soit donné
de faire en un seul jour.

Bonneville est à une altitude de 446 mètres, et nous devons dans la journée
atteindre, contre les aiguilles du Vergy, à 1900 mètres, sans quitter les formations calcaires appartenant aux terrains urgonien, néocomien, crétacé. A un
endroit seulement, nous passerons sur une tranche de grès vert supérieur,
intercalé entre les formations crétacée et néocomienne. Ce sont à peu près les
roches de la Grande-Chartreuse.

A la base de la montagne et contre les escarpements urgoniens qui en forment la face nord, nous cueillons (1) :

Buphthalmum salicifolium L.
Potentilla caulescens L., à fleurs d'un beau blanc rosé (la variété *petiolulata*
  est au Salève), dans les fissures des rochers.
Lamium maculatum L.
Salvia glutinosa L.
Cyclamen europæum L.
Digitalis grandiflora All., espèce calcaréenne, comme *D. lutea* L., tandis
  que *D. purpurea* est saxophile.
Kernera saxatilis Rchb., en fruit.
Asplenium Halleri DC., remplit les fentes des rochers.
Polypodium Dryopteris L. var. β *calcareum*, que distinguent la roideur de
  ses frondes et ses épais rhizomes.
Actæa spicata L.
Hieracium villosum L.
Mœhringia muscosa L.
Asplenium viride Huds.
Cystopteris fragilis Bernh.
Lychnis silvestris Hoppe.
Mentha silvestris L.
Saxifraga Aizoon Jacq.
Leucoium vernum L., en fruit.
Ægopodium Podagraria L., cet ancien spécifique de la goutte, qui croît sans
  doute pour cause dans les parcs de tant d'anciennes habitations féodales.
Phalangium ramosum Lam.
Asarum europæum L., commun au bois des Camaldules près Paris.
Aconitum lycoctonum L.

(1) Les espèces seront énumérées, dans tout le cours de ce compte rendu, suivant
l'ordre dans lequel elles se sont présentées à notre observation. Si le nom de quelques-
unes d'entre elles revient plusieurs fois, c'est qu'elles auront été observées à des altitudes
ou dans des localités différentes. J'ai pensé qu'il y avait aussi un grand avantage à noter
et parfois à rappeler les altitudes, pour lesquelles j'ai pris des moyennes entre plusieurs
observations.

Nous voici à 550 mètres d'altitude. Nous passons à Thuet, village engagé dans un cul-de-sac de rochers, et dont la population, privée d'air sec et renouvelé, en même temps qu'elle est alimentée par des eaux peu iodurées, est une agrégation de goîtreux mêlés de quelques pauvres crétins ; puis, montant par la gorge où roule impétueusement le Bronse, nous cueillons, d'abord dans de vieilles moraines, puis sur le terrain néocomien :

Rubus saxatilis L. et *Hieracium glaucum* All., aux feuilles linéaires.

Saxifraga mutata L., grande et belle plante aux fleurs orangées, dont on ne trouve, au grand regret de tous, que quatre ou cinq exemplaires.

Hieracium staticefolium Vill., aux multiples stolons hypogés.

Campanula linifolia L.

Alchemilla vulgaris L.

A. alpina L.

Tofieldia calyculata Whlnbg,

Paris quadrifolia L.

Veronica urticifolia L., une des espèces les plus communes de la région sous-alpine.

Arabis alpina L.

Digitalis grandiflora, déjà trouvé, et *D. lutea* L.

Adenostyles albifrons Rchb. et *Homogyne alpina* Cass., qui devaient se présenter à nous chaque jour dans nos excursions en montagne.

Nous laissons à droite une localité à *Tozzia alpina* L. et à *Cypripedium Calceolus* L., et nous cueillons :

Saxifraga aizoides L.

Lonicera alpigena L.

Valeriana tripteris L.

Spiræa Aruncus L., que quelques jours plus tard nous devions trouver décorant l'hôtellerie du Weisenstein près Soleure.

Erinus alpinus L.

Lonicera Xylosteum L.

Rubus saxatilis L.

Rosa rubrifolia Vill.

R. montana Chaix, bien distinct du précédent par ses petites feuilles arrondies, ses pédoncules et calices hérissés-hispides, ses carpelles plus longuement pédicellés.

Rosa alpina L.; diffère à son tour des deux espèces précédentes par ses feuilles non glauques rougeâtres, par ses pédoncules (d'ailleurs glabres ou hispides) recourbés avant et après la floraison.

Dianthus silvestris Jacq.

Saponaria ocimoides L.

Chærophyllum hirsutum L.

Geranium pyrenaicum L.

G. silvaticum L.

Mentha silvestris L., revient ici à environ 900 mètres, mais au sud et portant sa charmante chrysomèle bleue, dont les entomologistes font provision.

Chenopodium Bonus Henricus L., qui nous annonce le village de Brizon, où nous attend un déjeuner sur l'herbe, que le bon curé de cette charmante oasis de la montagne, instruit par M. le docteur Guillard du côté le plus faible de nos modestes approvisionnements, complète par un panier de vin de la côte de Lausanne.

Nous sommes à une altitude de 1000 mètres à peu près. Laissant derrière nous le Mont-Andey, plus spécialement le *Brezon* des Genévois, nous traversons un plateau herbeux et boisé qui nous sépare du second étage de la montagne ; là nous trouvons en abondance :

Campanula rhomboidalis L.

Polygonum Bistorta L.

Melampyrum silvaticum L.

Crepis blattarioides Vill., que plusieurs de nous ont déjà récolté à la Grande-Chartreuse et au Lautaret.

Phyteuma orbiculare L.

Astrantia major L.

Soyeria paludosa Godr.

Prenanthes purpurea L.

Centaurea montana L., qui a rang de cité dans nos parterres.

Bartsia alpina L., très abondant.

Myosotis palustris With., forme alpestre de la var. *genuina*.

Homogyne alpina Cass. et *Bellidiastrum Michelii* Cass., que nous reverrons chaque jour.

Polygala calcarea Schultz.

En nous livrant inutilement à la recherche de l'*Epipogium Gmelini* Rich., nous trouvons :

Lychnis silvestris Hoppe.

Saxifraga rotundifolia L.

Gentiana campestris L.

Poygala calcarea Schultz.

Polygonum viviparum L.

Trifolium spadiceum L.

T. badium Schreb., mêlé au précédent, dont les fleurs plus hâtives sont aujourd'hui toutes desséchées.

Triglochin palustre L., qui, disparu de Saint-Gratien (?), croit encore à Meudon, Saint-Germain, etc., près Paris.

Carex Davalliana Sm., trouvé autrefois à Fontainebleau et à Crouy par
  Thuillier, et que je cueillis abondamment en 1851 dans les fonds, aujour-
  d'hui presque tout couverts de cultures, de la Reine-Blanche, à Orry près
  Chantilly. .

Scirpus compressus Pers.

Ranunculus aconitifolius L., qui, dans quelques rigoles de la prairie, est
  réduit à une tige de 5-10 centimètres, ne portant que quelques fleurs
  rudimentaires comme toute la plante. En faisant cueillir ces miniatures
  d'exemplaires, je fis remarquer, ce qui devait se vérifier bientôt, que
  le *R. platanifolius*, espèce très voisine, ne croissait que dans les lieux
  rocailleux et secs, de telle sorte que la station des deux plantes est un
  moyen assuré de les distinguer l'une de l'autre.

Phyteuma orbiculare L., pas très rare dans la flore de Paris.

Gentiana lutea L., cette superbe reine des Alpes, dont les racines contiennent,
  à côté du principe amer, assez de sucre pour donner par fermentation une
  eau-de-vie particulière.

Phleum alpinum L.

Trollius europœus L., en fructification.

Thesium alpinum L.

Herminium Monorchis R. Br., aussi abondant que beau. On le cueille par
  poignées dans la prairie, et j'y encourage d'autant plus que c'est là une
  forte diversion en faveur de notre plante de Mantes, où toutefois, soit dit
  en passant, notre excellent collègue M. Beautemps-Beaupré a découvert
  cette année une localité extrêmement riche.

Nous gravissons des rochers boisés, et, sur le plateau qui les couvre, nous
recueillons en assez grande abondance, dans une formation albienne où l'élément, en partie siliceux, favorise le développement de quelques espèces :

Rosa alpina L.

Arnica montana L.

Le joli *Equisetum silvaticum* L.

Botrychium Lunaria Sw., espèce parisienne, que M. Dumont, notre savant
  guide, n'a jamais rencontrée dans les Alpes au-dessous de 1200 mètres.

Selaginella spinulosa Al. Braun.

Après une assise de craie de Meudon grise et dure, prés et lieux boisés
où croissent :

Gentiana punctata L. (*G. purpurea* Vill.), dont les beaux exemplaires, de
  30-40 centimètres de longueur, nous rappellent la plante de la Grande-
  Chartreuse, et contrastent avec ceux que nous trouverons tout à l'heure sur
  les hauts pâturages.

Solnadella alpina L.

Alnus viridis DC.

Hieracium aureum Scop. et *H. aurantiacum* L., dont chacun cueille de gros bouquets dorés.

Trifolium badium Schreb., ici à peine fleuri.

Orchis globosa L.

Veratrum album L.

Mulgedium alpinum Less., que nous retrouverons haut de 2 mètres sur les bords de la Dranse, entre Saint-Pierre et la cantine du grand Saint-Bernard.

Sorbus Chamœmespilus Crantz, que nous avons récolté sur le calcaire de Saint-Nizier et le terrain siliceux des hautes Vosges.

Maianthemum bifolium DC.

Leucanthemum maximum DC.

Biscutella lœvigata L.

Adenostyles albifrons Rchb. et *Rhododendron ferrugineum* L.

On descend un peu pour arriver à la glacière de Solaison, vaste cavité ouverte dans l'escarpement urgonien de Léchaud, et où, quoique à une altitude de 1300 mètres seulement, se maintiennent de la neige et des glaces dont chacun de nous croque quelques fragments, en évitant avec grand soin de s'exposer au souffle glacé d'un courant d'air qui sort avec impétuosité, de temps immémorial, d'une crevasse du rocher.

C'est alors qu'à nos pieds, et comme transportés au milieu d'un jardin composé des espèces les plus ravissantes que puissent rêver des botanistes parisiens, nous cueillons :

Anemone narcissiflora L., aux larges fleurs disposées en sertules.

A. alpina L.

Pedicularis verticillata L.

Ranunculus Thora L.

Astrantia minor L.

Asplenium viride Huds., très abondant.

Thalictrum aquilegifolium L., rare.

Dryas octopetala L.

Salix hastata L., *S. retusa* L. et *S. reticulata* L.

Cystopteris montana Link.

Arabis pumila Jacq.

Gentiana acaulis L. var. (*G. angustifolia* Vill.).

G. verna L., reparaît mêlé au *G. bavarica* L., que distinguent ses tiges moins gazonnantes, ses feuilles obovales obtuses et ses lobes corollins à peine d'un tiers plus longs que le calice.

Valeriana montana L.

Pinguicula alpina L.

Senecio Doronicum L.

Carex frigida All., qui se distingue bien du *C. nigra* par ses épillets pédicellés, etc.

Viola biflora L.

Pedicularis adscendens Gaud.

Ribes petræum L.

Encore *Asplenium viride* Huds.

Streptopus amplexifolius DC., que nous avons déjà cueilli au Hohneck, au
pied du pic de Sancy et à la Grande-Chartreuse (à la Grande-Vache).

Arctostophylos alpina Spr.

Helianthemum variabile Spach, var. *grandiflorum*, très belle forme alpine.

Polygonatum verticillatum All.

Globularia nudicaulis L., dont la floraison est passée ainsi que celle du
Gentiana nivalis L.

Lonicera cærulea L.

Primula Auricula L., fleurs passées.

Erinus alpinus L., en fructification.

Melica nutans L.

Paradisia Liliastrum Bertol.

Hieracium villosum L.

Galium silvestre Poll., forme alpestre très réduite.

Saxifraga muscoides Wulf., plus une forme *hypnoides*.

Campanula thyrsoidea L., rare; nous le reverrons en montant au grand
Saint-Bernard.

Hieracium glabratum Hoppe.

Vaccinium uliginosum L. et *V. Vitis idæa* L.

Ranunculus platanifolius L.; débris de rochers.

Cystopteris montana Link, élégante Fougère à fronde rhomboïdale rappelant
le *Polypodium Dryopteris* L.

Potentilla aurea L.

Silene quadrifida L.

S. acaulis L., sans mélange de *S. exscapa*.

Gentiana nivalis L.

Aspidium Lonchitis Sw.

Ranunculus montanus L.

Pirola minor L.

Viola calcarata L., espèce souvent substituée, avec le *Viola sudetica* si
répandu dans les Vosges et le Mont-Dore, au *V. odorata* pour les usages
médicaux.

Aronicum scorpioides DC., dont nous avons vu les larges calathides à la
Grande-Chartreuse (route du Grand-Som).

Après avoir gravi une roche abrupte et coupée de profondes crevasses où nichent les *Pyrocorax*, nous débouchâmes sur les Planets, vaste plateau gazonné, comme tant de pâturages alpins, par notre *Nardus stricta* L. des prairies de Rambouillet et des friches d'Aigremont.

Là nous aperçûmes, dans un fond tourbeux que suit un petit ruisseau, les jolies têtes blanches de l'*Eriophorum Scheuchzeri* Roth, sur lesquelles tous se précipitèrent, sans tenir compte de la boue noire qui en gardait les abords. Près de l'*Eriophorum* croissait le *Cardamine amara* L.

Sur la pelouse nous cueillons :

Selaginella spinulosa Al. Braun, qui est ici assez commun.
Gentiana bavarica L., répandu en larges touffes.
Plantago alpina L.
P. montana Lam.
Phyteuma orbiculare L., forme alpine.
Gnaphalium dioicum L.
Arenaria verna L., notablement suffruticuleux, ainsi que l'espèce suivante.
A. ciliata L.
Carex verna Vill., qui n'est qu'une forme alpine et réduite de notre *Carex*
    præcox Jacq.
C. sempervirens Vill.
C. ferruginea Scop.
Sesleria cærulea Ard.
Botrychium Lunaria Sw.
Gentiana punctata L. β *pumila*, variété naine réduite à une grande fleur
    qui semble naître du gazon. Nous ne sommes qu'à une altitude de
    1800 mètres, et cependant notre plante diffère tellement des beaux spéci-
    mens que nous avons récoltés 600 mètres plus bas, qu'on croirait voir des
    espèces tout à fait distinctes.
Mœhringia polygonoides M. et K.

Après avoir cueilli, dans une petite mare à moitié desséchée, cette espèce précieuse, qui n'était jusqu'à présent connue en France qu'au Mont-Ventoux et peut-être sur un point des Pyrénées (Prats-de-Mollo, ex herb. Gay), nous nous hâtâmes, le soleil descendant rapidement derrière la montagne, d'avancer contre les aiguilles du Berger ou Vergy (ces aiguilles sont au nombre de trois : l'aiguille du Midi à gauche, l'aiguille Blanche au milieu, l'aiguille de Jalouvre à droite), hautes de 2500 mètres.

Après avoir traversé un ravin où le Bronse prend sa source, nous nous élevâmes, dans la direction du col (de Balasau), entre l'aiguille du Midi et l'aiguille Blanche. C'est là qu'est la combe de Cétis, où la neige ne fond jamais, et qui reçoit, par les avalanches, par les vents et par la dégradation des roches, les végétaux des cimes voisines.

Contre les flancs difficilement accessibles des rochers, nous cueillîmes, avec une hâte fiévreuse, et désolés de manquer de temps pour explorer le sommet de la montagne :

Draba aizoïdes L.

Carex firma Host, espèce dont on ne connaissait en France que deux ou trois localités, et dont chacun fait ici ample provision.

Nigritella suaveolens Koch (*N. fragrans* Rchb., *Orchis suaveolens* Vill.), regardé comme un hybride des deux espèces suivantes, qui ici du moins vivent mélangées avec lui.

N. angustifolia Rich.

Gymnadenia odoratissima Rich.

Ici croissent encore :

Gymnadenia conopsea R. Br., qu'on a aussi considéré comme l'un des parents du *Nigritella suaveolens*.

G. viridis Rich., petite forme alpine à labelle brunâtre.

Orchis globosa L., dont quelques individus avaient leurs épis rosés changés en épis blancs.

Myosotis alpestris Schm.

Linum alpinum L., qui paraît ne pas différer du *L. montanum* Schl. de nos coteaux d'Épizy.

Sedum atratum L.

Aster alpinus L.

Veronica aphylla L. et *V. alpina* L.

V. fruticulosa DC.

V. saxatilis Jacq., qui diffère du *V. fruticulosa* par ses poils non glanduleux et par ses fleurs (d'un beau bleu), n'ayant de rouge que la gorge.

Valeriana montana L.

Hutchinsia alpina L.

Sibbaldia procumbens L.

Salix retusa L., *S. reticulata* L. et *S. herbacea* L.

Ranunculus alpestris L., rare.

R. Thora L., rare.

Erigeron uniflorus L.

Astrantia minor L.

Saxifraga oppositifolia L.

Meum Mutellina Gærtn.

Geum montanum L.

Gaya simplex Gaud.

Empetrum nigrum L.

Globularia nudicaulis L.

Agrostis rupestris All.

En descendant le ravin qui s'étend au pied du Vergy, on trouve encore, avec plusieurs des espèces ci-dessus :

Linaria alpina Mill., l'une des plus charmantes plantes des montagnes.

Phaca astragalina DC., aux fleurs odorantes, lavées de violet sur fond blanc, se mêlant aux fleurs roses de l'*Oxytropis montana* DC.

Erigeron glabratus Hoppe.

Rumex scutatus L., qui sert, plus que l'*Oxalis Acetosella*, à l'extraction du sel d'oseille.

Draba aizoïdes L., en fructification.

Papaver alpinum L., un pied tombé des Aiguilles.

Thlaspi rotundifolium Gaud., en fructification, avec quelques fleurs repoussées.

Adenostyles alpina Bl. et Fing.

Et, en nous rapprochant davantage du village de Saxonnex, qui n'est qu'à l'altitude de 1000 mètres, comme le village de Brizon :

Arabis ciliata Koch.

Sempervivum montanum L.

Euphrasia salisburgensis Funk.

Orchis fusca Jacq.

Pirola secunda L., dans un bois de Sapins où croît aussi *Amanita muscaria*, cette terrible Fausse-Oronge, que M. le pharmacien Dumont nous dit être l'un des mets les plus recherchés des habitants de Bonneville ! Une seule fois il a vu ce Champignon causer un délire furieux, qui céda à l'émétique suivi d'une potion éthérée.

Ayant fait une halte d'une demi-heure à Saxonnex, nous descendîmes rapidement sur Cluses, où toute la troupe était rendue vers 9 heures 1/2 du soir. Après nous être élevés de Bonneville sur le flanc des Aiguilles, c'est-à-dire de 450 mètres à 2000, nous revenons à 490 mètres, ayant marché 15 heures.

Comme à Bonneville, nous sommes, par les bons soins du maire, promptement et confortablement installés dans les hôtels et chez les habitants.

Le 3 août, de grand matin, les plus infatigables d'entre nous sont allés dans la montagne, à quelques kilomètres de la ville, enflammer le gaz qui se dégage des fissures naturelles du sol ou des trous qu'on y pratique.

Cependant la plupart ont mis en papier les riches dépouilles du Brizon, et à 10 heures, après avoir fait charger les bagages sur deux fourgons qui doivent nous précéder à Sallanches, nous nous dirigeons, par une pluie assez intense, vers cette dernière ville.

A une demi-lieue de Cluses, deux canons, placés sur la route, nous invitent à monter à la belle grotte de la Balme, ouverte contre le flanc de la montagne à 370 mètres au-dessus de la route, et longue de plus de 150 mètres. L'escalade est exécutée, et chemin faisant nous cueillons :

Cyclamen europæum L., en pleine floraison.
Globularia cordifolia L.
Digitalis lutea L. et *D. grandiflora* All.
Salvia glutinosa L.
Epipactis atrorubens Hoffm. et *Phalangium ramosum* Lam., de nos calcaires
  parisiens.
Asplenium Halleri DC., dans les fissures de la roche.
Saponaria ocimoides L.
Coronilla Emerus L., l'un des jolis sous-arbrisseaux de nos parterres.
Potentilla caulescens L.
Dianthus silvestris Wulf.
Sedum dasyphyllum L.
S. alpestre Vill. (*S. saxatile* All., non DC.)
  Et sous le vestibule même de la grotte :
Polypodium Dryopteris L.

Après avoir repris la route de Sallanches, nous cueillîmes :

Cinclidotus fontinaloides, avant de passer le pont d'un petit torrent qui
  traverse la route pour se jeter dans l'Arve.
Mœhringia muscosa L., en magnifiques touffes.

On admire la cascade de Magland, qui s'échappe à côté de la route et que
Saussure présume être alimentée par le lac de Flaine; on fait tirer le canon
pour entendre l'un des plus beaux échos des montagnes. Bientôt le saut
d'Arpenaz, ce rival du Staubach, jette à nos pieds, d'une hauteur de 800 mètres, son torrent de mousse, et la vallée s'élargit pour nous laisser entrevoir,
par une demi-éclaircie de l'atmosphère, l'imposante croupe neigeuse du
Mont-Blanc, placée en face de nous.

Nous cueillons, sur les bords de la route et de l'Arve :

Lonicera Xylosteum L.
Melilotus leucantha Koch.
Sisymbrium obtusangulum Lois.
Sedum sexangulare L.
Geranium pyrenaicum L.

Nous traversons l'Arve à Saint-Martin, sur un beau pont de pierre, et à
6 heures nous sommes installés dans les grands hôtels qui ont pris, à Sallanches, la place des auberges détruites, avec tout le bourg, par le terrible incendie de 1840. Une demi-heure plus tard, chacun de nous a pris place autour
d'une table de 200 couverts, que le maire a eu l'attention de faire dresser
dans la grande salle de l'hôtel de ville, que décorent des peintures murales
et des plafonds d'un bel effet. On pense bien que nous fêtâmes l'annexion.

Le samedi 4 août, après avoir, non sans quelques démêlés avec un voitu-
rier très exigeant, organisé le transport des bagages sur Chamounix, nous
nous dirigeâmes de nos personnes vers ce centre des excursionistes au Mont-
Blanc, en passant par Saint-Gervais-les-Bains.

Entre Sallanches, situé à 570 mètres, et les Bains, dont l'altitude est de
620 mètres, nous cueillons :

Viola tricolor L. var. *alpina.*
Silene rupestris L.
Lychnis silvestris Hoppe.
Geranium pyrenaicum L.

La pluie, qui jusque-là était tombée avec abondance, s'arrête au moment
de notre entrée dans la cour du bel hôtel des Bains, dont le propriétaire, mon
vieil ami le docteur de Mey, fait avec empressement les honneurs. Nous visi-
tons avec intérêt son musée du Mont-Blanc, riche surtout en échantillons de
minéralogie.

Après une visite aux sources thermales salines subsulfureuses et bromo-
iodurées, qu'accompagne une petite source ferrugineuse, nous nous rendons
à la belle cascade que forme le Bon-Nant (torrent qui descend du col du
Bonhomme), en se jetant du haut des rochers dans une étroite gorge placée
derrière l'établissement : là nous cueillons :

Silene exscapa All., descendu des sommets alpins, peut-être avec l'aide des
    baigneurs, dans un froid ravin que jamais le soleil ne visite.
Impatiens Noli tangere L., dont les boutons seuls se montrent.
Chærophyllum hirsutum L.
Campanula pusilla Hænke.
Mœhringia muscosa L.

A la cascade, l'incertitude du temps nous divise en deux troupes, dont la plus
nombreuse et la moins entreprenante, avec laquelle j'avoue que je restai,
rentra dans la vallée de l'Arve pour se rendre à Chamounix par Chède et
Servoz, tandis qu'une petite troupe, confiante en son agilité, aux bâtons ferrés
dont elle s'était munie en sortant de Sallanches, et surtout à la Providence
des botanistes, monte au pont du Diable et passe par le village de Saint-Gervais
(à 820 mètres) pour franchir le Prarion.

Laissons un instant celle-ci, qui nous retrouvera aux Ouches, sur la route
de Chamounix, où il sera procédé à l'échange des butins.

Ayant traversé, au milieu des touffes de l'*Hippophaë,* la large plaine d'alluvions que forme l'Arve au débouché des gorges qui séparent la vallée de Sallanches de celle de Servoz, et franchi le torrent sur un pont de bois, que les
grandes crues emportent, de temps à autre, avec la chaussée que couvre le
Sisymbrium obtusangulum, nous laissons à gauche la cascade de Chède, à

droite la chute de l'Arve, dont le bruit arrive jusqu'à nous, et, gravissant le chemin boisé qui mène, par des roches d'un calcaire noir veiné de blanc, à la vallée de Servoz, nous récoltons :

Goodyera repens R. Br., cette jolie Orchidée stolonifère que la flore de Fontainebleau a offerte, en 1854, à la surprise des botanistes parisiens.
Hieracium staticefolium Vill. et *Pirola secunda*, déjà trouvés le premier jour de l'herborisation.
Polygala Chamœbuxus L.
Melampyrum silvaticum L., très commun, mêlé à quelques pieds du beau *M. nemorosum* L.
Brunella grandiflora Jacq.
Gentiana lutea L.
Teucrium montanum L.

Nous donnons un dernier regard à la vallée de Sallanches, et nous entrons dans celle de Servoz, en forme de cirque arrondi, autrefois remplie par les eaux d'un lac, et élevée d'environ 820 mètres.

Il est midi quand nous entrons à Servoz, choisi comme lieu de déjeuner. La faim jette les plus pressés dans les hôtels des Trois-Rois et de la Balance, les plus heureux dans celui de l'Univers, situé à l'autre bout du village.

En quittant Servoz, on cueille le *Cuscuta major* sur les orties qui bordent la route. Bientôt nous passons la Dioza, qu'alimentent les glaciers du Buet (3100 mètres), et, laissant à gauche le monument d'Eschen, traducteur d'Horace, qui périt en tentant l'ascension de cette montagne, nous passons de nouveau l'Arve sur le pont Pélissier, jeté sur un abîme entre deux rochers, comme tous les ponts du diable.

Sur les bords du chemin qui suit l'arête escarpée des Montets, nous cueillons, mêlés à de rares espèces de Mousses (dont la liste sera donnée par M. Roze, le savant bryologue de l'expédition) :

Sedum alpestre Vill. et *Silene rupestris* L., qui recouvrent de gros quartiers de granite du Mont-Blanc (protogine) ;
Sedum dasyphyllum L., qui nous rappelle les murs de Rambouillet.
Scleranthus perennis L., si commun dans les sables de Fontainebleau.
Vaccinium Myrtillus L., de Montmorency et de Marines, mêlé au *V. Vitis idœa* L., plus rare dans la flore parisienne.
Asplenium septentrionale Hoffm., *Cystopteris fragilis* Bernh. et *Woodsia hyperborea* R. Br., que nous retrouverons jusqu'à Chamounix dans les murs de pierres sèches qui bordent la route.
Saxifraga cuneifolia L.
Primula viscosa Vill. (fleurs passées).
Epilobium alpinum L.

Stellaria aquatica Poll.

Viola tricolor L. var. *alpina.*

Astrantia minor L.

Prenanthes purpurea L.

Lycopodium Selago L.

Listera cordata R. Br., sur les troncs pourris du *Pinus silvestris* et de l'*Abies excelsa.*

Selaginella helvetica Spr., dont nous retrouverons souvent les pousses aplaties recouvrant les rochers humides.

Dianthus silvestris Wulf.

Veronica spicata L.

V. fruticulosa DC.

Depuis le passage de l'Arve sur le pont Pélissier, le paysage a pris une forme plus montagnarde, plus sauvage. L'*Abies excelsa* DC., au noir feuillage, se mêle à des masses de rochers à pic, dont les sommets, changeant de place avec les contours de la route, se détachent sur le fond neigeux des croupes du Buet et du Mont-Blanc, tandis que leurs flancs sont comme émaillés par le *Lepra chlorina* aux thalles jaunes, et par les plaques rouges du *Parmelia elegans.*

En arrivant aux Ouches (ou Bouches), nous rencontrons ceux de nos compagnons qui nous avaient quittés à la cascade de Saint-Gervais pour franchir le Prarion. Les uns sont venus par la route plus courte du col de Forclaz ; les autres ont pris par le col de Voza et ont déjeuné (mal et chèrement, prenons-en note) au pavillon de Bellevue. Tous, mais ces derniers surtout, ont eu le spectacle de magnifiques panoramas sur les glaciers de Trè-la-tête, du Buet et du Mont-Blanc, sur les vallées de Sallanches et de Chamounix.

Leurs chapeaux sont ornés de belles fleurs de *Rhododendron ferrugineum* (dans le plus frais état de floraison), dont chacun porte, en outre, un très gros bouquet, et leurs boîtes, qui s'ouvrent pour nous, renferment, outre plusieurs espèces moins rares :

Corallorrhiza innata R. Br., curieuse Orchidée, voisine de l'*Epipogium*, aux rhizomes de corail, et dont quelques exemplaires, rapportés des sapinières du Villard-de-Lans par MM. le comte Jaubert, de Schœnefeld, Grœnland et Vigineix, ont fourni à deux autres de nos savants collègues, MM. Germain de Saint-Pierre et Prillieux, le sujet d'études morphologiques d'un grand intérêt (1).

Pirola uniflora L.

Juniperus alpina Clus.

Anemone vernalis L.

(1) Voyez le *Bulletin*, t. IV, p. 766-770.

C.

2

Centaurea montana L.
Calamintha alpina Lam.

Nous passons les torrents de Griaz, de Tacconay et des Bossons, sortis des beaux glaciers de mêmes noms qui descendent, le dernier surtout, jusqu'aux bords de la route, qu'un jour peut-être ils couperont; nous nous replaçons, par le pont de Pérallottaz, sur la rive droite de l'Arve, et, après avoir encore cueilli, le long de la route ou sur les blocs de granite tombés du Mont-Blanc ou poussés par les glaces :

Epilobium Fleischeri Hochst. et *E. rosmarinifolium* Hænke, aux larges fleurs roses, qui nous rappellent les bords de la Romanche.

Solidago minuta Vill., plante naine et à grands capitules, qui semble n'être qu'une forme alpine du *S. Virga aurea*.

Veronica fruticulosa DC.

V. saxatilis Jacq.

Campanula barbata L., jolie espèce de l'un des plus beaux genres, que je cueillis pour la première fois au col de la Tête-Noire, il y a, hélas ! dix-sept ans, et que demain, en montant au Brévent, nous retrouverons avec ses amples corolles nuancées de toutes les teintes comprises entre le bleu et le blanc.

Alchemilla vulgaris L.

Sempervivum montanum L.

Woodsia hyperborea R. Br.

Nous arrivons, vers 7 heures du soir, à Chamounix, où notre installation, préparée par de zélés fourriers, se fait avec ordre dans le grand hôtel de l'Union et ses succursales.

DEUXIÈME PARTIE.

La lune s'étant dégagée radieuse, le bruit des cornes nous appela à voir, par un magnifique effet de nuit, les cîmes avancées du Mont-Blanc, depuis plusieurs jours enveloppées de nuages. C'était un à-compte pris sur l'incertitude du lendemain, mais le beau temps devait nous accorder ce jour-là ses faveurs tout entières.

La lune fit place au soleil, et le 5 août, à huit heures du matin, nous partions, conformément au programme arrêté la veille, pour faire l'ascension du Brévent et de la Fléchère.

Le bourg de Chamounix est situé à 1044 mètres (ce qui est à peu près l'altitude de la Grande-Chartreuse, du Brizon et du couvent du Reposoir), dépasse le petit Salève de 140 mètres et n'est inférieur au grand Salève que de 540 mètres); le sommet du Brévent, que nous devons atteindre, est à 2538 mètres; le chalet de Priampraz (Pliampraz), où nous déjeunerons, à 2080 mètres, savoir aux deux tiers de l'ascension. J'ajoute immédiatement, pour compléter le programme de la journée, qu'après être redescendus du Brévent à Priampraz, nous côtoierons, sur une longueur de 2 lieues environ, le pied des Aiguilles de Charlanoz et les Aiguilles-Rouges, pour aller à la Fléchère (ou Flégère). Ce dernier point de vue (1980 mètres), auquel se rendent les touristes pour voir de face la mer de glace, n'ajoute rien au panorama dont on jouit du Brévent, et manque d'intérêt botanique. Aussi ne saurais-je trop engager les botanistes à le négliger désormais, pour donner tout leur temps à l'exploration du Brévent.

La roche qui forme la montagne est un calcaire talqueux azoïque.

Au-dessus de Chamounix, dont l'église et toute la partie haute s'élèvent contre la base même de la montagne que couronnent au-dessus de nos têtes le Brévent, et successivement, sur notre droite, les Aiguilles de Charlanoz et les Aiguilles-Rouges, nous cueillons :

Epilobium collinum Gmel., qui nous paraît spécifiquement distinct de l'*E. montanum.*
Alsine Bauhinorum Gay (*A. laricifolia* Godr.).
Carduus defloratus L.
Campanula barbata L.
Luzula nivea DC.
L. lutea DC.
Cystopteris fragilis Bernh.
Allosorus crispus Bernh., extrêmement abondant dans les débris de rochers.
Spiræa Aruncus L.
Ajuga alpina Vill., peut-être race alpine d'*A. reptans*.
Phyteuma betonicifolium Vill.
Galium rotundifolium L.

Nous nous arrêtons un instant au plan de Challais ou de Bellevue, près duquel se fait jour, sur le bord du sentier, une source limpide ; et, après un coup d'œil donné dans la vallée de Chamounix qui est à nos pieds, à la chaîne du Mont-Blanc qui s'étend en face de nous, nous continuons l'ascension en cueillant :

Veronica fruticulosa L.
Juncus trifidus L.
Hieracium præaltum L.
Trifolium alpinum L.
Cardamine resedifolia L., très commun.
Carex montana L., qui nous rappelle Fontainebleau
Luzula spadicea DC.

Ranunculus montanus L.

Hypericum Richeri Vill. (non Lapeyr.).

Phleum alpinum L.

Sempervivum montanum L.

Viola calcarata L.

Plantago montana Lamk (*P. alpina* Vill. non L.).

Gentiana acaulis L. var. *excisa*.

Ranunculus Villarsii DC.

Saxifraga aspera L. (α. *genuina* Gr. G.).

S. Cotyledon L., espèce des Pyrénées, dont l'existence était mise en doute quant aux Alpes de France.

Arbutus alpina L.

Bupleurum stellatum L., fentes des rochers.

Laserpitium Panax Gouan, que plusieurs de nous ont déjà trouvé au Lautaret en 1858.

Lilium Martagon L., du terrain volcanique du Puy-de-Dôme, des calcaires de la Grande-Chartreuse, etc.

Rosa montana Chaix.

Viola biflora L.

Achillea moschata Jacq., espèce désormais acquise à la flore française, et dont nous fêtons l'*annexion* par une abondante récolte, que nous renouvellerons au Saint-Bernard.

Arenaria biflora L., que la France ne comptait jusqu'à présent que sur les sommets des Alpes dauphinoises.

Potentilla grandiflora L.

P. aurea L., bien distinct du précédent par ses feuilles digitées et non ternées.

Astrantia minor L.

Rhododendron ferrugineum L.

Betonica hirsuta L.

Primula viscosa Vill., fleurs en bon état.

Liliastrum album Link. Parlat., que nous cueillions le 5 août 1858, c'est-à-dire il y a juste deux ans, auprès de la chapelle même de saint Bruno.

Thesium alpinum L.

Euphrasia minima Schl., qui croît sur le grès des Vosges et sur les sommets volcaniques du Mont-Dore, comme sur les calcaires des Alpes.

Valeriana tripteris L.

Homogyne alpina Cass.

Soldanella alpina L.

Saxifraga cuneifolia L., une des plantes les plus communes de ces régions.

Selaginella spinulosa Al. Braun.

Rhinanthus minor var. *alpinus*.

Phyteuma hemisphœricum L.

Geum montanum L., dont les fruits sont déjà prolongés en longs stigmates plumeux.

Hypericum Richeri Vill., souvenir de la Grande-Chartreuse et du Lautaret.

Allium Victorialis, commun aussi dans les prairies du Puy-de-Dôme et du Lautaret.

Hieracium multiflorum Schl.

Carex montana L.

Ajuga alpina Vill.

Saxifraga Aizoon Jacq.

Stellaria cerastioides L. (*Cerastium trigynum* Vill.).

Meum Mutellina Gærtn.

Gaya simplex Gaud.

Gnaphalium supinum L.

Avena versicolor Vill.

Alchemilla pentaphyllea L.

Luzula spicata DC.

L. spadicea DC.

Veronica bellidioides L.

V. aphylla L.

V. alpina L.

Hieracium angustifolium Vill. (*H. glaciale* Lachn.).

H. albidum Vill.

H. alpinum L.

Saxifraga moschata Wulf.

Nous voici à la Priampraz ou Pliampraz (plan-pré); une hôtellerie-caravan-sérail s'y élève sur un plateau gazonné, et nous offre, indépendamment d'un déjeuner passable, tous ces produits de l'industrie du montagnard qu'on est heureux de rapporter à ses amis.

L'altitude est ici de 2080 mètres. La vue de face du Mont-Blanc est complète, la plupart des boîtes sont pleines, la fatigue se fait sentir; aussi beaucoup de nos compagnons, renonçant à monter plus haut, prennent le parti d'y attendre ceux qui iront au sommet du Brévent.

En quittant le pavillon de Priampraz, nous suivons un frais ruisseau (alimenté par les neiges voisines) qui coule dans un tapis de *Sibbaldia procumbens* et rappelle à ceux de nous qui ont pris part, en 1858, aux excursions de la Société botanique de France dans les Vosges, la halte réparatrice qu'elle fit le 16 juillet près de la fontaine *Sibbaldia*. Là aussi nous trouvons l'*Epilobium alpinum* et le *Luzula spadicea*, qui accompagnent dans les Vosges, mais à une altitude de plus de 600 mètres inférieure, la plante dont la découverte en 1821, près de la fontaine à laquelle elle a donné son nom, fut une cause de si grande joie pour son auteur, le vénérable et regretté M. Mougeot père.

Continuant de monter au travers des rochers et des plaques de neige, nous cueillons encore :

Chrysanthemum alpinum L.
Leontodon hastilis Koch, forme alpine.
Crepis aurea Cass.
Empetrum nigrum L., entrelacé à l'*Azalea procumbens* L., tous deux passés au Brizon, et ici à peine fleuris.
Rhododendron ferrugineum L., réduit à une taille de quelques décimètres

Sur le rocher, dit *Nez du gros Béchard* (alt. 2250 mètres), on trouve :

Primula viscosa Vill., qui ouvre ses jolies fleurs purpurines et odorantes.
Luzula lutea L.
Cardamine resedifolia L.
Festuca Halleri All.
F. violacea Gaud., aux larges feuilles.

Plus une série de Lichens, dont les principaux sont :

Lecidea geographica, plaques verdâtres.
L. cinerea, plaques grises.
Thamnolia vermicularis.
Physcia islandica.
Cladonia uncialis.
Cornicularia bicolor.
Stereocaulon nanum (forme qui est peut-être une espèce nouvelle).
S. corallinum.
Lecanora ventosa.

Autour de la Pierre-à-Béchard croissent encore :

Saxifraga aizoides L., sans fleurs.
S. muscoides Wulf.
S. oppositifolia L.
Juncus trifidus L.
Homogyne alpina Bass.
Veronica bellidioides L.
V. alpina L.
Geum montanum L., ici en belles fleurs.
Poa alpina L., non encore fleuri.

Bientôt on est au sommet du Brévent (alt. 2538 mètres), que les uns ont escaladé par la *Cheminée*, les autres par un passage moins difficile placé à un kilomètre environ plus au nord. On y cueille le *Saxifraga biflora* et le *S. aspera*, au milieu de plantes dont la végétation est attardée. Un drapeau aux couleurs de la France est planté par les jeunes Lemoine et Henrot, élèves de l'École de médecine de Reims, par MM. Maugin, Topinard, etc., sur le point culminant, et l'on se repose un instant en contemplan le plus grandiose des spectacles.

Devant nous s'élève la hau e croupe du Mont-Blanc, qui, de Chamounix et même de Bellevue, est comme dominée par les grands pics placés en avant d'elle, tandis qu'elle se montre d'ici dans toute sa splendeur; sur ses côtés se déroule sa grande chaîne, que du col de Balme on ne voit que de profil ou d'enfilade. Plus à droite, derrière le Mont-Joly (alt. 2660 mètres), on aperçoit les Alpes du Dauphiné, au milieu desquelles s'élève le Mont-Pelvoux (alt. 4176 mètres), centre granitique d'un système puissant dont les chaînons relevés viennent unir leurs bases à celles du Mont-Blanc, vers les sources de l'Isère. En nous retournant, nous avons à gauche la vallée de Sixte et le Buet (alt. 3098), à droite, dans le lointain, les cimes blanches des Alpes bernoises, en face, et visible seulement avec une lunette, le Weisenstein, de Soleure, sur lequel notre expédition cueillera ses dernières plantes.

Revenus au plateau de Priampraz, nous en partons aussitôt, avec ceux des nôtres qui étaient restés à nous attendre, pour la Fléchère. En longeant les Aiguilles de Charlanoz, premiers pics, après le Brévent, de l'arête des Aiguilles-Rouges, nous trouvons, au milieu de rochers provenant pour la plupart d'éboulements :

Arenaria biflora L.

Lycopodium alpinum L., espèce remarquable par ses très longues pousses radicantes.

Polypodium rhæticum L., une seule touffe est trouvée par MM. Hassan et Abd-el-Asyz, mais la plante abonde sur le versant nord.

Poa alpina L.

Laserpitium Halleri Vill.

Bupleurum stellatum L.

Hieracium amplexicaule L.

Rosa alpina L.

Rhamnus pumila L.

Convallaria verticillata L.

Spergula saginoides L.

Hieracium villosum var. *dentatum?*.

Crepis aurea Cass., commun dans les prés sous le pavillon de la Fléchère.

Sphærophoron coralloides, très joli Lichen.

Saxifraga cuneifolia L.

Listera cordata R. Br., dans un bois de Pins que nous descendons pour gravir la rampe opposée du ravin.

Circæa alpina L.

Ranunculus montanus L.

Gnaphalium norvegicum Gouan, peut-être forme alpine du *G. silvaticum ?*

Selaginella spinulosa A. Br.

Leontodon pyrenaicus Gouan.

Avena montana Vill.

Campanula barbata L.

Stellaria nemorum L., si commun au Mont-Dore dans le bois du Capucin, etc.

Larix europœa DC.

Cerastium strictum L., simple variété du *C. arvense* L.

Achillea macrophylla L.

En continuant de monter vers la Fléchère, nous voyons encore :

Spergula saginoides L,

Chrysanthemum alpinum L.

Sedum annuum L. (*S. saxatile* DC.),

Pinus Cembra L.

Gnaphalium supinum L.

Meum Mutellina Gærtn.

Cardamine resedifolia L.

Chœrophyllum hirsutum L.

Astrantia minor L.

Arabis alpina L.

Saxifraga aizoides L.

S. cuneifolia L., en fructification.

Potentilla aurea L. (*P. Halleri*).

Hieracium sabinum Seb. et M.

H. villosum L.

Crepis grandiflora Tausch, belle plante que j'ai déjà vue au Pilat et au Mézenc.

Homogyne alpina Cass.

Nous parvenons enfin au pavillon de la Fléchère ou Flégère (alt. 1908 mètres), moins élevé que celui de Priampraz (alt. 2080 mètres), mais auquel on n'arrive de celui-ci que par une marche fatigante de plusieurs heures et des alternatives de descentes et de montées. Après un regard donné au glacier dit la *mer de glace*, placé en face de nous de l'autre côté de la vallée de Chamounix, aux nombreux glaciers qui descendent à droite et à gauche de

celui-ci de la chaîne du Mont-Blanc, aux crêtes du Cirque (glacier du
Talèfre), dont le fond abrite le fameux *Jardin*, nous nous hâtons, malgré les
excitations de notre guide, M. Vénance Payot, qui nous promet le *Cystopteris
alpina* Link près des chalets de la Fléchère, de revenir à Chamounix. Sous
l'aiguillon de la nuit, qui déjà s'étend dans la vallée, nous ne mettons qu'une
heure et demie pour descendre, ou plus justement pour rouler de la Fléchère
au village.

.Le programme de la journée de demain, donné à l'issue du dîner, est le
suivant : Départ à dix heures pour le Montanvert ; traversée de la mer de
glace; retour par le Chapeau et les sources de l'Arveyron. Toutefois, sépara-
tion, après le passage du Chapeau, de la portion de la troupe (cinquante personnes à peu près) qui peut coucher à Argentières et gagner par là, sur la
journée du 7 (transport de Chamounix à Martigny) deux heures qui seront
fort utilement employées à herboriser, à sécher les plantes, ou au repos.

Le 6, à l'heure convenue, les grandes cornes qui servent aux bergers à
rallier leurs troupeaux, et dont les plus jeunes étudiants de l'expédition ont
complété leur attirail, sonnent le départ.

Au sortir du village, on cueille, en traversant des prairies :

Juncus alpinus Vill.
Scirpus compressus Pers.
Glyceria fluitans R. Br., forme à épillets d'un joli bleu.

Après avoir traversé un premier bois de *Larix* et d'*Abies*, situé au pied
de la montagne, puis un second bois (dit de Levettaz), on arrive à la fontaine
du Caillet, rendue célèbre par la légende de Florian sur Claudine, et qu'om-
brageaient autrefois de grands arbres aujourd'hui détruits par les avalanches. Nous sommes à moitié route du Montanvert, et à une altitude d'environ
1450 mètres. Quelques plantes sont cueillies, parmi lesquelles :

Aspidium Lonchitis Sw.
Epilobium alpinum L., ou plutôt *E. anagallidifolium* Lam.
Hieracium alpinum L. (*H. Halleri* Vill.).
Circœa alpina L.
Luzula spicata L.
Phyteuma hemisphœricum L.
Juncus trifidus L.
Oxyria digyna Campd.
Et *Chenopodium Bonus Henricus* L., ce fidèle compagnon de l'homme, que
   nous trouvons auprès du pavillon et de l'écurie du Montanvert. L'altitude,
   ici de 1891 mètres, ne sera dépassée aujourd'hui que par quelques intré-
   pides qui s'engagent dans les rochers intérieurs de l'Aiguille de Charmoz
   pour y cueillir le *Pinus Cembra* L.

Au bruit du canon, que des touristes font tirer pour entendre les échos, nous descendons par le rocher (calcaire) vers la moraine (à blocs formés pour la plupart de protogine) de la rive droite du glacier, où nous attendent :

Epilobium montanum L.
Bupleurum stellatum L., dans la fente de la même roche où je l'avais cueilli le 15 août 1843.
Festuca Halleri All.
Salix herbacea L.
S. hastata L.
S. Lopponum L., qui nous rappelle l'herborisation au pic de Sancy en 1856.
S. reticulata L.
S. retusa L.
Allosorus crispus Bernh.
Hieracium alpinum L.
H. albidum Vill.
H. Schraderi Koch (*H. alpinum* Vill.).
Agrostis rupestris All.
Azalea procumbens L.
Empetrum nigrum L., en fructification.
Rhamnus pumila L.
Avena montana Vill.
Saxifraga bryoides L., qui paraît être spécifiquement distinct du *S. aspera*.
Alchemilla alpina L., sur la *Pierre-aux-Anglais*, bloc de rocher consacré par une inscription aux Anglais Socock et Windham, qui visitèrent Chamounix en 1741 et crurent y avoir pénétré les premiers (1).
Alnus viridis DC.
Rhododendron ferrugineum L.
Pinguicula vulgaris L,
Oxyria digyna Campd.
Homogyne alpina Cass.
Ranunculus glacialis L., rare ici.

Quelques jolis Lichens (et Mousses), notamment :
Stereocaulon nanum et *corallinum*.
Solorina crocea, sont encore cueillis.

M. Vénance Payot nous montre les escarpements inabordables où il a récolté le *Dracocephalum Ruyschiana* L., l'une des belles plantes du coteau des Gardes au Lautaret, et nous traversons (en vingt-huit minutes) la mer, ou mieux le torrent de glace, sans autre accident que la chute d'un manteau dans les crevasses du glacier.

(1) Voir à ce sujet le *Guide aux eaux de Saint-Gervais*, par J. Determes, page 139.

Sur la moraine droite nous trouvons :

Allosorus crispus Bernh., mêlé à l'*Oxyria digyna*.
Linaria alpina L.
Artemisia glacialis L.
A. Mutellina Vill.
Viola biflora L.
Cerastium latifolium L. (*C. glaciale* Gaud.).
Primula farinosa L., émaillant de ses charmantes fleurs toute une vaste
pelouse au travers de laquelle se font jour les pleurs (*lous plous*) de la
montagne.
Saxifraga stellaris L.

Dans un petit marécage croissent :

Eriophorum angustifolium Roth var. *alpinum*.
Carex frigida All., de très grande taille.
C. Goodenowii Gay, vieille connaissance de nos botanistes parisiens, ainsi
que l'espèce suivante, abondante à Auffargis et à Saint-Léger.
Viola palustris L., assez commun aussi à Revel dans les Alpes du Dau-
phiné et sur quelques points des Pyrénées.

Sur le flanc de la montagne viennent encore :

Pedicularis rostrata L.
Juncus triglumis L.
Imperatoria Ostruthium L.
Bellidiastrum Michelii Cass.
Saxifraga muscoides Wulf.
S. aspera L.
Epilobium origanifolium Lam.
Bartsia alpina L.

En descendant le *Maupas* (*mauvais pas*), autrefois si redouté, maintenant
rendu très facile par les marches taillées dans le roc et la rampe de cordes
(dont on peut même négliger le secours) qui rend l'aide de guides absolument
superflue, nous prenons contre les parois du rocher, près du *Carex frigida* All. :

Dianthus rupestris L. fil. (*D. Scheuchzeri* Rchb.).
Saxifraga Cotyledon L.
Arenaria grandiflora All., plante alpine que les botanistes parisiens cueillent
chaque année dans sa paradoxale station du Mail d'Henri IV, à Fontai-
nebleau, où elle vit à l'exposition sud avec le *Stipa pennata* (la localité du
Mail est détruite depuis quelques années, mais le *Stipa* existe encore

assez abondamment dans les gorges d'Apremont près de la Cave-aux-bri-
gands) et quelques *Helianthemum* qui, du moins, trouvent un peu là leur
soleil du Midi.

Leontodon hispidus L.

Trifolium cœspitosum Reyn. (*Tr. Thalii* Vill.)

Nous sommes à la buvette du Chapeau, où un homme fort bourru fait payer,
d'avance et très cher, de mauvais rafraîchissements, que naturellement il
donne pour rien aux guides.

Entre le pavillon et la cascade du Chapeau, on voit :

Geranium pyrenaicum L., formant de très belles touffes.

Rumex alpinus L., pris, jusqu'à la fin du siècle dernier, pour le vrai *Rha-
pontic* (*Rheum Rhaponticum* L.) par plusieurs botanistes, et dont les
pétioles sont mangés, au dire de Villar (1), par les paysans du Dauphiné,
précurseurs des Anglais mangeurs des pétioles de Rhubarbe.

Sempervivum arachnoideum L.

Tofieldia calyculata Wahlnbg.

Au-dessus du hameau de Lavanché, à peu près à égale distance de Chamounix et d'Argentières, ceux qui doivent coucher dans ce dernier village
prennent un sentier à droite. Continuant de descendre vers la moraine du
glacier des Bois (portion inférieure de la mer de glace, laquelle n'est elle-
même que la base des glaciers du Géant ou de Taccu, de Léchaud et du
Talifre), nous allons voir les belles sources de l'Arveyron, puis, suivant ce torrent dans la vallée, nous cueillons, sur ses bords et dans ses alluvions siliceuses,
l'une des plus rares plantes rapportées de notre expédition, le *Trifolium
thymiflorum* Vill. (*T. saxatile* All.), qui n'était connu en France que sur
quelques points peu visités des Alpes du Dauphiné. La nuit nous surprit
cherchant le précieux *Trèfle des glaciers* (Reyn. *Mém.* 1, 166), que l'obscu-
rité et sa très petite taille dérobèrent bientôt à notre empressement.

Le *Trifolium thymiflorum* termina dignement les deux journées d'excursions faites aux environs de Chamounix. Nous fûmes redevables de cette dernière bonne fortune, comme de tout le succès de nos ascensions au Brévent
et au Montanvert, à M. Vénance Payot, habile naturaliste, non moins familia-
risé avec les sentiers du Mont-Blanc qu'avec ses productions tant vivantes que
minérales. Qu'il reçoive encore une fois, pour tous les services qu'il nous a
rendus, l'expression de notre reconnaissance.

Le programme de la journée du 7 août consiste à aller, autant qu'on le
pourra en herborisant, de Chamounix à Martigny. L'itinéraire général est par

(1) Notre vieil ami le docteur Bally (l'un des trois héros de la peste de Barcelone) a
prouvé que Villar ne doit pas être écrit Villars.

le col de Balme (dix heures de marche), route plus fatigante et moins pitto-resque que celle de la Tête-Noire, mais plus riche en plantes, et qui donne, sur le profil du Mont-Blanc, une vue à laquelle on ne peut comparer que celle prise du Righi sur la chaîne de l'Oberland. Les plus fatigués prendront par la Tête-Noire, montés sur des mulets, et quitteront un instant leur route pour ANNEXER le *Linnœa borealis*, cette charmante plante dédiée au plus grand des botanistes, et qui vit cachée au fond d'un profond ravin, dans les bois d'*Abies* qui s'étendent sur la rive gauche de l'*Eau-Noire*, vers son confluent avec le torrent qui descend des Montets. Une de nos jolies Mousses, l'*Hypnum splendens*, adoucit le lit de rocailles où se plaît le *Linnœa* (1).

Nous partîmes de Chamounix à six heures du matin, et, laissant à droite le glacier des Bois (portion inférieure de la mer de glace) et la source de l'Arveyron, nous arrivâmes, après une bonne marche d'une heure et demie, à Argentières, gros village dans une vallée dont l'altitude, sensiblement égale à celle de la Tête-Noire, est de 1270 mètres. En nous élevant de la vallée de Chamounix (1040 mètres) à celle d'Argentières, nous vîmes dans la gorge escarpée par laquelle l'Arve se précipite :

Rosa montana, en fructification.
Epilobium Fleischeri Hochst., en beaux spécimens.

Le *Myricaria germanica* Desv. borde le torrent, et des Tines à Argentières le fond humide des prairies offre comme des champs de *Rumex alpinus* L. et d'*Adenostyles albifrons* Rchb., que les habitants récoltent pour nourrir en hiver leurs animaux à l'étable.

En sortant d'Argentières, dont le bon curé, qui m'avait fait offrir ses services, avait donné l'hospitalité écossaise à M. Paul de Bretagne et au fils du célèbre docteur Blache, nous nous divisâmes en deux troupes. L'une de celles-ci, que suivaient les mulets chargés des bagages, prit à gauche, au nord-est, par les Montets et la Tête-Noire; avec l'autre, je suivis, vers l'est, la ligne presque droite qui conduit au col du Balme, en laissant un peu à droite le glacier du Tour, et longeant le côté gauche de la grande source de l'Arve.

Un brouillard épais et froid, bientôt changé en une pluie neigeuse, nous enveloppa vers le milieu de la montagne. Ce maudit brouillard, qui nous déroba complétement la belle vue d'ensemble de la vallée de Chamounix et du profil du Mont-Blanc, contraria d'ailleurs beaucoup l'herborisation, en empêchant que, sous peine de s'égarer, on ne s'éloignât du sentier, et en nous glaçant les mains. Cependant les boîtes reçurent encore des exemplaires de :

Geum montanum L.
Campanula barbata L.

(1) Ces indications précises m'avaient été données par M. Vénance Payot.

Gnaphalium dioicum L.

Phyteuma hemisphæricum L.

Plantago alpina L.

Phleum alpinum L.

Ranunculus montanus Willd.

Veronica fruticulosa L.

Trifolium alpinum L.

Potentilla aurea L.

Alchemilla alpina L.

Et *Rhododendron ferrugineum*, dont la limite supérieure est ici au plan de Sarammot, vaste *praz* (pré) situé à une altitude de 1900 mètres.

Au-dessus de la zone du *Rhododendron*, nous cueillîmes :

Carex sempervirens Vill.

Crepis aurea Cass. ; et, ayant franchi deux petits torrents bordés de *Ranunculus aconitifolius* aux fleurs argentines (on sait qu'une forme à fleurs doubles est cultivée comme plante d'ornement sous le nom de *Bouton d'argent*), nous continuâmes de nous élever au milieu d'une riche flore alpine représentée sur les bords du sentier par :

Arnica montana L., ici sur le calcaire presque pur, au Hohneck sur les roches de silice.

Spiranthes œstivalis Rich., que nous reverrons au Weisenstein.

Herminium Monorchis R. Br., que nous avons déjà trouvé au Brizon et qui est décidément une plante de montagne, malgré sa présence dans l'ouest et le singulier rendez-vous qu'il a donné, sur les coteaux de Mantes, à l'Astragale de Montpellier. Il est vrai qu'il s'est fait accompagner dans ce voyage par *Arabis arenosa* Scop., par *Thlaspi montanum* L. et par *Daphne Mezereum* L., plantes assez montagnardes qui ont pris station un peu en avant de Mantes, sur les coteaux de la Roche-Guyon, de Bonnières et de Saint-Adrien.

Luzula lutea L.

Sempervivum montanum L.

Hieracium aurantiacum L., que nous nous rappelons avoir trouvé très beau au Mont-Dore en 1856, petit et grêle en 1858 sur le Ballon-de-Soultz.

Meum Mutellina Vill.

Veratrum album L., émule du Colchique (dont les bulbes contiennent d'ailleurs aussi de la *vératrine*) dans la cure de la goutte.

Gentiana punctata L.

Scirpus cæspitosus L., forme alpine remarquable par sa très petite taille et en raison de l'altitude (2000 à 2100 mètres) à laquelle elle croît. Nous venons de voir l'*Herminium* descendre des montagnes dans les pays de plaines; maintenant c'est une plante des plaines qui s'élève vers les sommets des Alpes (exposition ouest).

Chrysanthemum alpinum L.

Cirsium spinosissimum Scop.

Il est onze heures. Nous voici à l'auberge du col de Balme, dont nous apercevions, depuis quelques instants, la silhouette se détachant sur le ciel au travers du brouillard.

De grands feux et un frugal déjeuner (ici le confort n'approche pas de celui qu'offrent les deux pavillons de la Tête-Noire) n'étaient pas inutiles pour réchauffer notre courage (1). Au sortir de l'auberge, commence la pente est de la montagne et finit la France. Un petit drapeau fut mis à la limite nord du col élevée de 100 mètres environ au-dessus du passage, et, favorisés par une raréfaction du brouillard, nous nous mîmes à herboriser sur la pente suisse de l'arête, autour d'amas de neiges dont la fonte tardive n'avait pas permis à la plupart des espèces de cette haute région de se développer. Cependant on vit :

Salix helvetica Vill. (*S. Lapponum* L.), placé comme en vedette pour nous faire bon accueil sur le sol de l'Helvétie.

Arenaria biflora.

Pedicularis verticillata L.

P. rostrata L.

Silene exscapa All., à côté de *S. acaulis* L., dont il est fort distinct.

Gaya simplex Gaud.

Alchemilla pentaphyllea L., le type et sa variété soyeuse (*A. cuneata* Gaud.).

Hutchinsia alpina R. Br.

Polygonum viviparum L.

Linum alpinum L. var. *alpicola.*

Gentiana bavarica L.

G. verna L.

Et toute une colonie de Véroniques, savoir :

Veronica alpina L.

V. aphylla L.

V. bellidioides L.

V. fruticulosa L., près desquelles croissent :

Soldanella alpina L.

Leontodon pyrenaicus Gouan.

Cirsium spinosissimum Scop.

(1) Le baromètre de l'auberge ne marquait que 565 mm. Chacun de nous portait donc, ou à peu près, 3600 k. de moins qu'à Paris !

Saxifraga oppositifolia L.

S. aizoides L., forme à fleurs d'un riche orangé.

S. Cotyledon L.

Geum montanum L., commençant seulement à fleurir.

Gentiana glacialis Thom.

G. alpina Vill., peut-être forme du *G. acaulis* L., propre aux régions élevées des Alpes.

Gnaphalium supinum L.

Stellaria cerastioides L. (*Cerastium trigynum* Vill.).

Continuant de descendre, nous arrivons aux chalets des Herbagères (alt. 1950 mètres), où nous trouvons :

Gnaphalium norvegicum L., qui, par quelques pieds nains, semble passer au *G. supinum.*

Rhododendron ferrugineum L.

Saxifraga rotundifolia L.

S. stellaris L.

Luzula lutea L.

Veratrum album L., et bientôt après,

Larix europœa DC., formant de hautes forêts d'un vert tendre, auxquelles vient se mêler le noir feuillage de l'*Abies excelsa* DC.

Le long du sentier tracé en lacets dans les flancs escarpés de la forêt de Magnin, aujourd'hui bien éclaircie par les avalanches qui, sur plusieurs points, ont effacé le chemin, ailleurs barré par l'accumulation des troncs brisés, nous trouvons :

Stellaria nemorum L., jolie Caryophyllée que plusieurs de nous cueillirent pour la première fois à l'herborisation du Mont-Dore (en 1856) dans le bois du Capucin, où nos savants confrères MM. Lecoq et Lamotte nous initiaient aux richesses de leur beau pays.

Hieracium aurantiacum L., en splendides échantillons.

Leucanthemum maximum DC., belle plante se distinguant au premier coup d'œil du *L. vulgare* par ses feuilles charnues et cassantes, les inférieures cunéiformes et dentées seulement au sommet.

Luzula nivea L.

Polypodium rhœticum L., ici sur le calcaire, et que nous avons récolté en Auvergne sur les roches volcaniques, au Hohneck et au ballon de Soultz sur le granite.

Epilobium origanifolium Lam. (*E. alsinifolium* Vill,).

E. alpinum L., dont les petites fleurs contrastent avec celles de l'espèce précédente.

Aspidium Lonchitis Sw.

Lycopodium clavatum L.
Spergula saginoides L.
Polystichum Oreopteris DC.

Au pied de la montagne, le Nant-Noir, torrent qui descend des Herbagères et se jette à quelques pas de là dans le Trient, est passé sur quelques Sapins jetés d'une rive à l'autre, et tout aussitôt, malgré une pluie diluvienne, nous nous jetons avec avidité sur de magnifiques touffes de *Phaca alpina* Wulf., qui nous rappellent le Lautaret ; de nombreux pieds de *Campanula rhomboidalis* L. et de *Phyteuma scorzonerifolium* Vill. sont presque aussitôt cueillis dans une prairie que longe le chemin.

Le Trient, que nous reverrons dans la gorge affreusement belle par laquelle il s'échappe des montagnes pour se jeter dans le Rhône, entre Martigny et la cascade de Pissevache, est passé sur un pont élevé à l'entrée du village (alt. 1350 mètres ?). En montant au col de la Forclaz, nous laissons contre le rocher placé à notre droite le *Saxifraga Aizoon* Jacq. et quelques autre plantes, nous prenons le *Cirsium rivulare* Link dans le pré situé à notre gauche.

Le temps, qui s'est enfin éclairci, nous permet de jouir de la splendide vue qui, du sommet du col (alt. 1556 mètres ; la Forclaz du Prarion a une altitude [1530 mètres] sensiblement pareille), plane jusqu'au delà de Sion, sur la vallée du Rhône. Un regard en arrière nous montre, au bas de la vallée du Trient et commençant à s'engager dans le village, la longue caravane que forment, avec leurs mulets, ceux de nos compagnons qui ont pris la route de la Tête-Noire.

Martigny est à nos pieds ; nos fatigues sont oubliées. Cependant, dans notre descente, nous cueillons :

Saponaria ocimoides L., jolie petite plante dont la culture ornementale s'est emparée.
Ajuga alpina Vill.
Centaurea uniflora L., que nous avons récolté, il y a deux ans, dans les prairies sous le glacier de la Grave.
Artemisia Absinthium L., base de cette liqueur suisse, agréable et perfide, qui tue plus d'hommes distingués que le boulet. Nous trouverons cette terrible plante sur tous les rochers calcaires du bas Valais (1).
Senecio viscosus L.

(1) Qu'il me soit permis, dans l'intérêt des jeunes étudiants, mes amis, d'extraire quelques lignes de M. A. Gaudon (*Souvenirs d'un vieux chasseur d'Afrique*) : « Je ne dirai pas que cette pernicieuse liqueur a tué plus de soldats que le feu de l'ennemi en Afrique ; elle a jeté le deuil au milieu des plus nobles et des plus généreuses familles de France, sans compter une foule de victimes recrutées surtout parmi les officiers et les sous-officiers. Le simple soldat, de mon temps, buvait peu d'absinthe, et j'espère qu'à présent il n'en boit plus du tout. »

C.

3

Aconitum lycoctonum L.

Ononis Natrix L., l'une des plantes caractéristiques du calcaire.

Cephalanthera rubra Rich., l'une des plus jolies Orchidées de Fontainebleau.

Gypsophila repens L.

Arrivés au pied de la Forclaz, ou hameau de la Croix, intersection des routes du Saint-Bernard et de Chamounix sur Martigny, nous constatons qu'en descendant la verticale de 1000 mètres seulement, ce qui s'est effectué en une heure au plus, nous avons passé de la zone du *Rhododendron* à celle des *Larix* et *Abies*, de l'*Abies* aux *Fagus*, aux *Quercus* et aux Noyers (pas de *Castanea*, arbre saxophile, comme l'ont établi MM. Dunal et Planchon) et enfin à la Vigne, qui donne, sur le côté placé à notre gauche et où se dressent les ruines d'un ancien château-fort bâti en 1260 par Pierre de Savoie, le vin estimé de la Batie (la *Batia*). Au milieu des vignobles est construite une petite ville en bois, habitée seulement aux approches des vendanges.

A six heures du soir, nous étions descendus à Martigny, où le dîner nous attendait dans les hôtels Clerc, du Cygne et de la Grande-Maison.

Dans cette journée, nous avions herborisé sur le col de Balme, à 2304 mètres d'altitude ; nous voici retombés à 480 mètres, 104 seulement de plus qu'à Genève. Demain nous coucherons au grand Saint-Bernard, à 2500 mètres, et quelques-uns auront touché au Roc-Poli, à 2854 mètres.

TROISIÈME PARTIE.

Le 8 août, à cinq heures du matin, on se précipite dans les chars qui, pour nous reposer d'anciennes fatigues et ménager des forces qu'on aura bientôt à utiliser, vont nous conduire à Saint-Pierre (trajet de sept heures) ou même à la cantine de Proz (trajet de sept heures trois quarts). Notons toutefois (pour *nos neveux*) que ceux qui se seront fait conduire jusqu'à la cantine auront perdu l'excellente herborisation des rochers et prairies placés sur la route, ainsi qu'entre cette dernière et le torrent.

Chemin faisant, nous voyons, et quelques-uns cueillent :

De la Croix à Bovernier (on dit aussi *Bovarnier*, *Bouvarnier*), sur une roche calcaire subschisteuse :

Artemisia Absinthium L.

Euphorbia Gerardiana Jacq.

Melica nebrodensis Parlat., distingué par le savant professeur de Florence du *M. ciliata* L., et que plusieurs de nous, qui chaque année le cueillent à Mantes, avaient vu en 1858 dans les rochers de Saint-Pierre-de-Chartreuse.

Hippophaë rhamnoides L., cet ami des torrents des Alpes et des plages océaniques.

De Bovernier à Sambranchier ou Saint-Branchier (alt. 753 mètres), village près duquel la grande Dranse se grossit de la Dranse du val de Bagne :

Epilobium Fleischeri Hochst.
E. spicatum Lam.
Sanguisorba officinalis L., que nous cueillons chaque année dans les prairies d'Épizy près Moret.

C'est en amont de Sambranchier que s'arrête, dans la vallée de la Dranse, même à la meilleure exposition, la culture de la Vigne, culture que nous avons vue, dans la vallée de l'Arve, limitée à Passy et Chède, aussi à une altitude de 700 à 750 mètres (les cultures dépassent l'église de Passy, située à 692 mètres). Une seule localité des Alpes, Bellantre-en-Tarantaise, offre peut-être la Vigne à un étage plus élevé de 50 mètres à peu près. Ailleurs la limite est généralement de 500-600 mètres.

Le *Melica* et l'*A. Absinthium* croissent sur la colline où se voient les restes d'un château qui, en 1444, put recevoir l'empereur Sigismond et huit cents personnes de sa suite. Au sud-ouest, se dresse le Mont-Catogne, haut de 2579 mètres.

Le *Saxifaga aizoides* L. forme de jolis gazons entre la route et le torrent, que nous passons pour la quatrième fois à Orcières, où la grande Dranse se forme par la réunion de la Dranse de Ferrex à celle du Saint-Bernard.

Malgré l'altitude (879 mètres) d'Orcières, nous remarquons que les trois quarts des femmes ont encore le goître.

En sortant d'Orcières, ayant en face de nous le Mont-Vélan, pyramide de neige haute de 3356 mètres, vrai sommet du grand Saint-Bernard, un peu plus à gauche le grand Combier (4305 mètres), et en montant à Liddes par une route fort roide, nous cueillons contre les rochers le *Dianthus silvestris* Wulf., et, dans une prairie où il abonde, le *Colchicum alpinum* DC.

Après Liddes (alt. 1337 mètres), où les plus pressés par la faim (et les mieux inspirés) déjeunent, on trouve, en suivant un petit sentier qui tourne, à la sortie du village, un monticule faisant face au débouché du val Ferret, le *Selaginella helvetica* Spr., et plus haut, après avoir rejoint la route, le *Dianthus silvestris* Wulf., le *Phyteuma hemisphæricum* L. et quelques pieds de *Campanula thyrsoides* L. (belle plante commune au Lautaret, ce jardin botanique du Dauphiné), des champs de *Rumex alpinus*, le *Geranium pyrenaicum*, l'*Hippophaë* dont un bois est suspendu à plus de 300 mètres sur les flancs de la montagne dont la Dranse baigne les pieds. Sur la rive gauche du torrent, des forêts de *Larix* et de *Bois-noir* (*Abies excelsa*) couvrent les pentes inférieures de la chaîne qui sépare la vallée d'Entremont ou de la Dranse de celle du val Ferret suisse ; plus haut, on aperçoit la zone du *Rhododendron*, que surmonte celle des gazons, dépassée seulement par l'arête ou zone des neiges.

Après un repos d'une heure à Saint-Pierre-Mont-Joux (alt. 1639 mètres, DC.), où nous sommes arrivés vers midi, nous continuons notre ascension vers le Saint-Bernard. Sur les rochers et les pelouses qui bordent la route, se présentent successivement :

Trifolium badium Schreb.
Sempervivum arachnoideum L.
Dianthus Carthusianorum L.
Gaya simplex Gaud.
Erigeron alpinus L.
Pedicularis rosea Wulf.
Veratrum album L.
Campanula barbata L.
Anemone alpina L., en fruit.
Meum athamanticum Jacq., élément des flores alpines de tous les terrains, rare cependant dans le Jura.
Lilium Martagon L., ce beau Lis aux fleurs panachées et renversées qui a pris place dans nos parterres avec la première des espèces suivantes :
Gentiana acaulis L.
G. campestris L.
G. nivalis L.
Aspidium aculeatum Dœll, de Montmorency, de Marly, etc.
Selinum Carvifolia L.
Pedicularis ascendens Gaud., espèce en fructification au Brizon, ici couverte de ses fleurs d'un blanc jaunâtre.
Ribes alpinum L.
Leucanthemum maximum DC.
Selaginella spinulosa A. Br.

Toutes ces plantes croissent contre la montagne, sur la gauche de la route. Entre celle-ci et la Dranse du Saint-Bernard, est une prairie fertile et accidentée dans laquelle nous trouvons :

Sedum Rhodiola DC., espèce du Grand-Som (Bovinant) et de la Grave.
Meum athamanticum Jacq., très abondant, qui forme presque le fond du pré dans ses endroits les moins humides.
Trifolium alpinum L.
Pedicularis verticillata L.
Botrychium Lunaria Sw. (haut de 20-30 centimètres), dont la flore parisienne s'est enrichie l'an passé d'une bonne localité à Chantilly.
Ligusticum Seguieri Vill. (non Koch) (*L. ferulaceum* All.).
Campanula rhomboidalis L.
Phyteuma Halleri All. (*Ph. urticifolium* Clairv.), du Lautaret et du Viso

Primula farinosa L.

Gentiana bavarica L. et *G. verna* L.

Ranunculus aconitifolius L.

Allium Schœnoprasum L., encore plus commun ici qu'au Lautaret.

Bartsia alpina L.

Alchemilla vulgaris L.

Imperatoria Ostruthium L.

Carex Davalliana Sm.

Crepis aurea Cass., en splendides spécimens.

Trollius europæus L., encore fleuri.

Alnus viridis DC., limite de la végétation réellement *arborescente* (l'altitude est ici de 1850 mètres).

Nigritella angustifolia Rich., très abondant ; chacun fait un bouquet de ses fleurs, à odeur suave, ainsi que de celles de l'espèce suivante.

Orchis globosa L.

Luzula lutea L.

Anemone alpina L. (encore quelques fleurs).

Hypochœris maculata L., plante assez commune à Mantes et à Fontainebleau.

Colchicum alpinum DC.

Adenostyles albifrons Rchb.

Mulgedium alpinum Less., de très grande taille, sur les bords du torrent et dans des bouquets d'*Alnus viridis*.

Revenus sur la route, nous cueillons aux bords de celle-ci :

Achillea moschata Jacq., espèce que nous avons solennellement *annexée* à la flore de France dans la journée d'herborisation au Brévent.

Lycopodium Selago L.

Juncus alpinus Vill.

Glyceria fluitans R. Br. var. *cœrulea*.

Scirpus compressus L. } dans une mare au plan de Proz.

Carex Goodenowii Gay.

C. frigida All.

Pinguicula vulgaris L., espèce assez commune dans les plaines du nord de la France, mais qui, dans la région des Vosges, ne quitte guère la montagne que pour le voisinage de la *Belle-Fontaine*, des prairies de Herbsheim, où je l'ai cueillie en compagnie de mon excellent confrère M. Nicklès (de Benfeld).

Au delà de la cantine de Proz (alt. 1896 mètres), aujourd'hui assez bonne auberge, nous trouvons :

Rhododendron ferrugineum L., en très petits buissons non encore fleuris (l'*Alnus viridis* ne monte pas jusqu'ici).

Phyteuma hemisphæricum L.
Petasites niveus Baumg.
Silene exscapa All.
Carex frigida All., bords du torrent.
Poa sudetica Hænke (*P. trinervata* DC. et *Festuca compressa* DC.).

En franchissant, par un sentier escarpé, le sauvage défilé de Marengo (alt. 1970 mètres), nous voyons :

Pedicularis rostrata L.
Achillea moschata Jacq., cette nouvelle *annexée* qui est décidément ici une espèce commune.
Viola biflora L.
Oxyria digyna Campd.

Le sentier passe à côté de deux huttes de pierre, dont l'une est un chalet de refuge, l'autre une ancienne morgue, maintenant un charnier; peu après on franchit la Dranse sur le pont de Nudri (alt. 2270 mètres), et, en longeant toujours la paroi ouest de la montagne, on passe près d'une croix de fer, plantée en mémoire du bon religieux frère Cart qui périt en cet endroit le 20 novembre 1845, enfoui avec quatre domestiques par une avalanche précipitée de l'arête qui sépare le terrible Mont-Mort (alt. 2856 mètres) du Mont-Vélan (alt. 3356 mètres). Cet excellent, instruit et estimable religieux, qui trouva la mort en sauvant de pauvres voyageurs, me fit, à mon premier voyage au Saint-Bernard en août 1843, un accueil qui me rend chère sa mémoire.

Nous cueillons encore, tant en aval qu'en amont de la croix, près d'amas de neige :

Salix herbacea L.
Hieracium Jacquini Vill.
Alchemilla pentaphyllea L.
Achillea atrata L., espèce étrangère à la flore de France.
Veronica aphylla L.
Gnaphalium supinum L.
Cardamine resedifolia L.
Meum Mutellina Vill.
Cirsium spinosissimum Scop.
Androsace villosa L.
Gregoria Vitaliana Duby.
Ranunculus glacialis L., à peine fleuri.
Soldanella alpina L., id.
Primula viscosa Vill., id.
Alsine Cherleri Fenzl, qui forme le gazon le plus commun sur les rochers de cette haute région.

Saxifraga androsacea L.
Gagea Liottardi Schult.

A six heures et demie, les traînards, c'est-à-dire les plus infatigables col-
lecteurs, font leur entrée au célèbre hospice du grand Saint-Bernard, où les
religieux ont fait préparer un dîner que l'appétit assaisonne.

Quoique heureusement réduits au nombre de cent trente, par la sépara-
tion d'un assez grand nombre des nôtres, qui sont allés, les uns de Chamounix
par le col du Bonhomme, tourner le Mont-Blanc en visitant les Allées-
Blanches et le val Ferret, les autres de Martigny, dans l'Oberland, par le
Grimsel, ou par la Gemmi (dernier passage que je franchirai moi-même le
11 août avec ceux des nôtres qui peuvent ajouter quelques jours au programme commun, suivant lequel la rentrée doit s'effectuer par le Bouveret,
Lausanne et Neuchâtel), notre installation ne se fit pas sans quelques difficultés.

Quelques personnes, habituellement étrangères à nos expéditions botaniques et plus préoccupées du dîner et du lit que de l'herborisation même,
avaient pris l'avance et s'étaient emparées de vive force des meilleures cham-
bres, malgré la volonté du prieur et du gandolier d'attendre pour la répar-
tition le capitaine de la troupe, qui eût commencé par assurer un bon gîte aux
anciens. Une chambre, tenue en réserve pour des voyageurs qui, par bonheur,
couchèrent à la cité d'Aoste, me fut donnée à dix heures; elle contenait deux
lits, dans l'un desquels je pus enfin installer le savant et infatigable M. Maldan,
professeur à l'École de médecine de Reims.

La plupart couchaient deux à deux dans des dortoirs glacés dont les croi-
sées auraient paru manquer sans le sifflement du vent passant à travers les
jointures. Pendant la nuit, qui parut bien longue, la pensée se reportait naturellement à la Grande-Chartreuse, où, l'an dernier, à pareille époque, nous
passions de si bonnes nuits.

A quelque chose mauvais lit est bon. On fut matinal. Dès cinq heures et
demie, plusieurs de nous, impatients de butiner, s'aventurèrent sur les
rochers qui entourent l'hospice; mais ils furent bien vite ramenés par une
cuisante *onglée* qui les priva de l'usage de leurs mains. A ce moment le thermomètre marquait 3 degrés au-dessous de zéro.

En attendant que le soleil s'élevât assez pour réchauffer l'air extérieur,
nous allâmes à la messe et visitâmes le médailler romain ainsi que la biblio-
thèque.

L'église, généralement riche, est ornée d'un beau tombeau, de marbre
blanc, de Desaix, tombé si glorieusement à Marengo, par J.-G. Moitte, de
l'Institut, et d'un tableau, par Rey, de saint Bernard de Menthon, fondateur
de l'hospice.

Tout en visitant la maison, nous apprenions à en connaître le personnel,
qui appartient à l'ordre des chanoines de Saint-Augustin. Le supérieur général

habite, sur le versant italien, le doux climat d'Aoste, où est placée la maison principale de l'ordre.

Au Saint-Bernard, sont ordinairement quatre pères et huit frères, qu'on renouvelle tous les trois ans, quand la mort, qui habite ce col au climat meurtrier, ne procède pas elle-même à un renouvellement plus rapide. Le directeur de l'hospice a le titre de prieur; c'est aujourd'hui M. Gaillard, homme de mérite, dit-on, et d'un grand dévouement. L'économe a le titre de gandolier; il se nomme Lovey ou Lovet.

A huit heures, on put se risquer à sortir; le thermomètre marquait au soleil + 2 degrés. Plusieurs cependant furent retenus près d'une heure encore au salon, où brillait un grand feu et qu'égayaient les sons tirés d'un piano, d'ailleurs passable, par les mains habiles du docteur Topinard et du jeune Blache.

Sur les rochers placés entre l'hospice et le versant piémontais, nous cueillîmes :

Gnaphalium supinum L.
Saxifraga oppositifolia L.
Carduus spinosissimus Vill.
Azalea procumbens L.
Gagea Liottardi Schult.
Saxifraga bryoides L., très peu développé.
S. aspera L.
S. muscoides Wulf.
S. stellaris L.
Ranunculus montanus Willd.
R. aconitifolius L.
R. pyrenæus L., dont nos jeunes gens veulent absolument faire un *R. gramineus* à fleurs blanches.
Anemone vernalis L., en fructification.
Pedicularis rosea Wulf.
Gaya simplex Gaud.
Gentiana nivalis L.
Geum montanum L., ici encore en fleur.
Cardamine resedifolia L.
Luzula lutea DC.
Veronica bellidioides L.
Gymnadenia viridis Rich.
Erigeron uniflorus L.
Poa cæsia Sm., forme vivipare.
Agrostis rupestris All.
Sibbaldia procumbens L.

Sedum atratum L.
Carex nigra All.
Viola calcarata L.
Euphrasia alpina DC. var. *lutea*.

En escaladant l'arête placée à droite du col, nous trouvons :

Aronicum scorpioides DC., à peine fleuri.
Anemone vernalis L., encore en fleur.
Senecio incanus L., assez commun près du lac de la Grave-en-Oisans.
Saxifraga androsacea L. (*S. pyrenaica* Scop.).
Potentilla nivea L., dont la seule localité connue en France est au Lautaret, près de la cabane.
Juncus triglumis L.
Eriophorum Scheuchzeri Hoppe, non fleuri, dans une mare à l'extrémité du lac.

Une petite incursion dans les pâturages piémontais, où nous descendons par la voie romaine, ajoute à notre butin le *Pedicularis pennina* Gaud., belle espèce étrangère aux Alpes de France. Mais c'est en vain que nous cherchons le *Pedicularis recutita* L. et le *P. incarnata* Jacq., qui cependant croissent en ces lieux, suivant les indications que nous fournit un ministre de la cité d'Aoste.

A une heure nous quittions l'hospice du grand Saint-Bernard. A trois heures nous arrivions, par une marche accélérée, à Saint-Pierre, où les chars attelés d'avance, nous emportèrent rapidement, trop rapidement même, à Martigny. L'un de ces chars, en effet, conduit par un Valaisan imberbe, fut jeté et brisé dans un champ placé à quelques mètres sous la route, entre Liddes et Orcières, sans autre dommage, d'ailleurs, par un hasard providentiel, qu'une commotion générale et quelques légères contusions reçues par l'un des plus zélés et des plus savants botanistes de l'expédition (M. Paul de Bretagne), que deux jours de repos à Martigny remirent tout à fait. Un second char, dans lequel je me trouvais avec dix autres personnes, lancé au galop entre Saint-Pierre et Liddes, ne manqua le précipice que de quelques lignes, ce qui nous ournit l'occasion d'admirer le sang-froid et la dignité britannique de l'un de nos bons compagnons, M. Ross (d'Édimbourg), qui, placé au premier banc et voyant les mulets se diriger sur le précipice au moment même où le conducteur venait de sauter à terre pour enrayer les roues, se garda bien de tirer les guides pour rétablir l'attelage dans le bon chemin. Mais l'un des botanistes du second banc, apercevant presque trop tard le danger, se jeta en avant et fit tourner court à droite mules et char. L'aimable compatriote de M. Ross, M. le docteur Walker, ayant demandé à celui-ci s'il n'avait pas aperçu le danger : « Oh! oui, répondit-il, je voyais bien. » — Pourquoi alors, ajouta le

docteur Walker, n'avez-vous pas tiré les mules du côté de la montagne?
— « C'était l'affaire de l'homme (du conducteur)! » — On comprend qu'une
ligne de soldats anglais soit une solide muraille.

La morale de ceci, pour les botanistes qui vont au Saint-Bernard, c'est de
n'accepter pour conducteur de char qu'un homme au poignet solide, ou, ce
qui est encore mieux, de faire à pied la descente de Saint-Pierre à Orcières.

QUATRIÈME PARTIE.

Le 10 août avait été fixé comme le terme des excursions officielles, les
étudiants ayant à rentrer pour les examens de fin d'année. Aussi, après une
visite matinale à la belle cascade de Pissevache et à la gorge du Trient, sublime
horreur qu'on peut aujourd'hui visiter sur une passerelle accrochée au rocher
sur l'abîme où mugit le torrent, chacun de nous, ayant cueilli quelques plantes
comme souvenir (*Biscutella lœvigata, Hieracium amplexicaule*, etc.),
fit ses dispositions de départ.

L'École de Reims (représentée par une douzaine de l'élite de ses étudiants
et par quatre de ses professeurs) prit la route de Strasbourg par Lausanne,
Yverdun et Bâle; quelques-uns des Parisiens rentrèrent par Lyon ou par
Mâcon; le gros de l'expédition se dirigea directement sur Paris par Neuchâtel
et la nouvelle ligne de Pontarlier (1).

Cependant l'itinéraire par Bâle, en franchissant la Gemmi où abondent
quelques plantes rares ailleurs, en visitant le Weisenstein de Soleure,
point le plus élevé (alt. 1309 mètres) de la région nord-ouest de la chaîne
jurassique, ne retardait que bien peu le retour à Paris; je résolus, avec trente
des botanistes les plus endurcis à la fatigue ou les moins pressés, de le suivre.

Allégés de tous les bagages que nous envoyâmes à Berne, nous prîmes
le chemin de fer jusqu'à Sion, des chars de Sion au pont de Suesten (alt.
580 mètres, et, de ce dernier bourg, nous gravîmes, en herborisant, la montagne jusqu'aux bains de Leuck ou de Louèche (alt. 1420 mètres), placés,
comme on sait, au pied de la Gemmi (alt. 2280 mètres).

Entre Sion et Sierre, nous cueillîmes, sur les alluvions au milieu desquelles
est tracée la route, plusieurs espèces intéressantes, notamment:

Gentiana ciliata L., assez commun depuis Martigny, dans les endroits her-
beux et boisés de la vallée.
Eruca sativa Lam., égaré près de Paris sur les coteaux crétacés de la Roche-
Guyon.

(1) Toutes les lignes de chemins de fer, tant françaises que suisses, avaient concédé
une réduction de moitié sur le prix des places.

Xeranthemum inapertum Willd., espèce de la flore méridionale, très abondante ici où elle s'est avancée, avec l'*Andropogon Ischæmum* L., au pied des chauds vignobles de Sierre ou Siders, renommés par leurs vins muscats et de malvoisie.

Entre Sierre, point où l'habitant du Valais, brusquement devenu allemand, cesse de parler le français, et le pont de Suesten, nous traversons la forêt de Finges (Pfyn) dont les Pins (*Pinus silvestris* L.) annoncent la présence des terrains schisteux. L'*Arbutus Uva ursi* L. couvre de ses pousses traînantes et au luisant feuillage tout le sol de la forêt. Çà et là, on voit, en approchant du pont, quelques pieds d'*Inula Helenium* L. et de *Laserpitium latifolium* L.

Notre marche vers le bourg de Louèche eut lieu par une pluie battante qui nous fit trouver le temps (trois heures par l'ancienne route qui est d'un tiers la plus courte) bien long, et nous détourna d'herboriser. Nous remarquâmes toutefois sur la montagne, tour à tour calcaire et schisteuse avec mines d'ardoise :

Fumana vulgaris Spach, au-dessus du bourg ; cette plante, ordinairement saxophile, croît ici sur le calcaire, à côté du *Teucrium montanum* L. et du *Gentiana lutea* L.

Adenostyles albifrons Rchb., près du beau pont sur la Dala, entre les deux rochers d'Inden.

A. alpina Bluff et Fing. (*A. glabra* DC.).

Alchemilla vulgaris L.

Calamintha alpina Lam.

Mœhringia muscosa L.

Stachys alpina L., vis-à-vis des fameuses échelles d'Albinen.

Phyteuma orbiculare L.

Aconitum lycoctonum L.

A six heures et demie du soir, nous arrivions aux bains de Louèche (Leuck-Bad, alt. 1420 mètres), trempés jusqu'aux os et désespérant de pouvoir le lendemain franchir, utilement du moins, la Gemmi.

Mais la Providence qui, au milieu d'une saison exceptionnellement pluvieuse, nous avait accordé de beaux jours pour visiter le Brizon, le Brévent, la Mer de glace et le Saint-Bernard, veillait encore sur nous. Le 11, le soleil se montra radieux sur les escarpements de la Gemmi. Nous nous hâtâmes de revêtir nos habits de la veille, séchés durant la nuit aux étuves naturelles chauffées par l'eau des sources (la source Saint-Laurent, la plus considérable de toutes, est à + 40 degrés), et, après une rapide visite à l'établissement des bains, où dans de grandes piscines les baigneurs passent en commun une partie de la journée, lisant, déjeunant et causant, nous prîmes la route de la Gemmi. Il était six heures du matin. Un jeune botaniste américain, M. Ravenel, qui parcourait les Alpes suisses, se joignit à l'expédition, dont faisaient partie MM. Walker et

Ross, que j'eus le plaisir de compter jusqu'à la dernière heure parmi les plus infatigables et les meilleurs de mes compagnons.

En sortant du village des Bains et dans les débris tombés des flancs de la Gemmi, nous trouvâmes, avec la plupart des espèces mentionnées à la fin de la journée d'hier :

Brunella grandiflora Mœnch, espèce des plus attachées au sol calcaire.
Hieracium amplexicaule L.
Phyteuma orbiculare L.
Bellidiastrum Michelii Cass.
Lycopodium clavatum L., que, dans nos excursions circum-parisiennes nous
    ne trouvons plus guère qu'au bois de la Brèche près Versailles (localité où
    il abonde), à Marines et à Fontainebleau (du quartier Reine-Amélie à la
    Fontaine-Désirée).
Globularia cordifolia L., en fleur et en fruit.

Après une heure de marche, nous étions au pied de la paroi verticale du rocher, contre laquelle on s'élève par des escaliers et un petit sentier en zigzag suspendu sur l'abîme et qu'on met à peu près une heure et demie à gravir. Ce sentier-escalier, le plus remarquable peut-être de la Suisse, fut bâti de 1736 à 1741 par les gouvernements de Berne et du Valais. A la descente, il donne souvent le vertige. Chaque jour il est traversé en chaise à porteur par des personnes (des malades surtout) auxquelles les yeux sont bandés, et que leurs guides essayent d'égayer en chantant ou cornant le fameux *ranz des vaches*. L'ordonnance (en Suisse et en Savoie tout est réglé en vue des voyageurs, principal article de commerce dans les contrées montagneuses) est curieuse : « Il y aura quatre porteurs pour une personne *ordinaire*, six pour » une personne d'un poids *au-dessus du commun*, huit pour une personne » *d'un poids extraordinaire*. » Les guides racontent qu'en 1836 ils descendirent un particulier du poids de *trois quintaux*.

Escalier montant, nous cueillîmes, sans autre distraction que celle donnée par deux chaises à porteur sortant de Leuck, et dont une à six porteurs :

Asplenium viride Huds., qui nous rappelle le Brizon et le Brévent.
Dryas octopetala L.
Hieracium staticifolium Vill.
H. amplexicaule L.
Senecio Doronicum L.
Linum alpinum.
Alchemilla alpina L.
Encore *Bellidiastrum Michelii* et *Gypsophila repens.*
Hieracium villosum L.
H. Jacquini Vill.
H. piliferum Hoppe (*H. Schraderi* Koch).

Erigeron alpinus L.
Hutchinsia alpina L.

Avec ces dernières plantes, nous quittons le rocher à pic pour nous élever sur un plan, encore roide, qui conduit au col, mais où l'on peut s'aventurer sans suivre le sentier : là nous trouvons :

Achillea atrata L., déjà vu au Saint-Bernard.

Oxytropis campestris DC., espèce commune sur le glacier de la Grave (dit glacier de l'Homme).

Aconitum Napellus L., seulement en petits boutons.

Androsace villosa L.

Salix herbacea L.

S. reticulata L.

Galium helveticum Weig., qui remplace dans les Alpes le *G. cæspitosum* des Pyrénées.

Aronicum scorpioides DC.

Selaginella spinulosa A. Br.

Cerastium latifolium L., commun au col du Galibier.

Pedicularis verticillata L.

Aster alpinus L.

Ranunculus glacialis L., que je signale d'après mes souvenirs, ne le trouvant pas noté sur mon carnet.

Erigeron alpinus L.

Androsace lactea L. et encore *A. villosa* L.

La petite colonie des *Veronica aphylla*, *V. alpina*, *V. bellidioides* et *V. fruticulosa* L.

Nous venions de rencontrer de grands amas de neige ; un courant d'air glacial, soufflant du nord, annonce que nous arrivons au col de la Gemmi (altitude 2270 mètres), où croissent en grand nombre les espèces suivantes :

Dryas octopetala L., à peine fleuri.

Ranunculus alpestris L.; avec le *Dryas* il forme le fond de la végétation.

Ranunculus parnassifolius L., rarissime espèce qui croît en aval du Villard-d'Arène sur la rive gauche de la Romanche, commune ici.

R. pyrenæus L. (noté d'après mes souvenirs).

R. montanus Willd.

Alsine Cherleri Fenzl, qui gazonne les rochers jusque sous les glaces.

Gentiana bavarica L.

G. verna L.

G. verna β *brachyphylla* Vill.

G. nivalis L.

Valeriana montana L.

Et surtout *Rhododendron hirsutum* L. (qui remplace complètement au col le *Rhododendron ferrugineum* L., espèce que nous trouverons plus loin, en descendant vers Kandersteg).

Chacun cueille en abondance cette plante qui, signalée avec doute sur trois points de la France, en Dauphiné (Val-Gaudemar), aux Pyrénées et sur le Jura, avait été pour beaucoup dans notre désir de visiter la Gemmi. Ses fleurs, d'un rouge plus délicat, plus rose que celui de la Rose-des-Alpes commune, nous semblent (le sentiment actuel de la satisfaction aidant peut-être un peu) être infiniment plus jolies.

Entre le col et le lac de Daube, situé à environ 100 mètres plus bas que le premier, soit à 2170 mètres, et qu'alimentent le glacier de Læmmeren à l'ouest, les écoulements du Rinderhorn à l'est, nous trouvons, avec plusieurs des espèces précitées, surtout avec le *Rhododendron hirsutum* qui, longtemps encore, nous accompagnera :

Thlaspi rotundifolium Gaud.
Galium helveticum Weig., commun ici comme au Galibier.
Selaginella helvetica Spreng.
S. spinulosa A. Br.
Saxifraga oppositifolia L. β *Kochii*, aux belles fleurs roses.

Entre le lac et l'auberge de Schwarenbach, croissent :

Erica carnea L., ici à peine en floraison, c'est-à-dire avec ses jeunes fleurs de couleur verte qui la firent distinguer par Linné comme espèce, sous le nom d'*Erica herbacea*.
Globularia nudicaulis L.
Tofieldia calyculata Wahlenb.
Arctostaphylos alpina Spreng.
Hieracium Jacquini Vill.
Oxytropis montana DC.
Scabiosa lucida Vill.
Kernera saxatilis Rchb., en floraison.
Salix retusa L., gazonne le sol de ces hautes régions.

L'auberge de Schwarenbach, où nous nous arrêtons pour déjeuner, est à une altitude de 2030 mètres, ce qui est à peu près la hauteur du col du Vergy ou du Mont-Cenis. Seule habitation sur la haute montagne par laquelle on va de Berne aux bains de Louèche, elle est tristement fameuse par l'assassinat que commirent deux Italiens sur la fille de l'hôte en 1807. Plus à l'est, les glaciers qui séparent le haut Valais du pays de Berne ont été témoins, vers la Grimsel, il y a peu d'années, d'un autre drame qui nous touche de plus près. Deux jeunes étudiants, que j'avais vus souvent à mes excursions bota-

niques, les frères Léonard, arrière-petits-fils de Houël, le fondateur de l'ancien collége de pharmacie, disparurent après une nuit passée à l'auberge de
la montagne. Ils avaient été volés et assassinés par leur hôte qui, devenu
incendiaire, expia enfin tous ses méfaits (1).

Nous continuons notre route, ayant à droite la cime blanche de l'Alt-Els,
haute de 3714 mètres (seulement 28 mètres de moins que la Bluemlisalp,
450 mètres de moins que la Jungfrau, situées plus à l'est de la chaîne), et
nous trouvons :

Saxifraga oppositifolia β *Kochii*, en fructification avancée.

Trollius europœus L.

Daphne Mezereum L.

Helianthemum vulgare, β *grandiflorum* vel *alpinum*.

H. canum Dun., qui nous rappelle les coteaux calcaires qui bordent la Seine
de Mantes à Saint-Adrien.

Petasites niveus Baumg.

Eriophorum Scheuchzeri Hoppe.

Potamogeton rufescens Schrad. (*P. alpinus* Balb.), dans une petite mare à
droite de la route.

Juncus trifidus L.

Primula Auricula L., α *integrifolia*; β *lobata*.

Lycopodium annotinum L.

Juniperus alpina Clus.

Pedicularis verticillata L.

Erica carnea L., ici bien fleuri ou même en fructification.

Bartsia alpina L., très abondant.

Ajuga alpina Vill.

Geranium silvaticum L.

Anemone alpina L.

Globularia nudicaulis L.

Veronica alpina L. et *V. aphylla* L.

Rubus saxatilis L.

Encore *Rhododendron hirsutum* L., seul, c'est-à-dire non accompagné par
Rh. ferrugineum.

Et en descendant par un bois frais d'*Abies excelsa* et de *Pinus silvestris*
à végétation plantureuse (d'une altitude supérieure à 1700 mètres environ) :

Geum rivale L., commun à Gisors, dans le parc même de notre savant collègue M. A. Passy.

(1) Cet honnête homme, trouvant que la *presse*, le vol et l'assassinat des voyageurs
étaient des moyens trop lents pour arriver à la fortune, imagina d'assurer, pour une
somme considérable, son mobilier, puis de cacher ce mobilier sous de la paille, des
feuilles, etc., et de faire brûler la maison pendant qu'il irait à un marché dans la vallée.

Veratrum album L.

Homogyne alpina Cass.

Valeriana tripteris L.

Asplenium viride Huds.

Amelanchier vulgaris Mœnch, très commun sur les rochers d'Orival-sous-Elbeuf.

Aspidium Lonchitis Sw., en magnifiques spécimens.

Gymnadenia conopsea R. Br.

Atragene alpina L.

Aconitum lycoctonum L.

Carduus defloratus L.

Lilium Martagon L.

Thalictrum aquilegifolium L., l'un des ornements de nos parterres, ainsi que l'espèce qui précède et les trois qui suivent immédiatement.

Centaurea montana L.

Aquilegia vulgaris L.

Astrantia major L.

Bellidiastrum Michelii Cass., fleurs passées.

Astrantia minor L.

Rhododendron ferrugineum L., qui vient se mêler ici au *Rh. hirsutum*, pour le remplacer complétement un peu plus bas.

Nous nous engageons, par un rapide sentier en zigzag, dans une gorge qui s'ouvre sur la vallée de la Kander. Ici disparaît le *Rh. hirsutum*, notre compagnon depuis les hauts escarpements du côté sud de la Gemmi, et s'offrent à nous :

Crepis aurea Cass.

Hieracium aurantiacum L., quelques beaux exemplaires.

Thesium alpinum L.

Gymnadenia odoratissima Rich.

Selaginella spinulosa A. Braun, assez abondant dans une claire forêt de *Larix europæa* DC.

Aconitum Napellus L., ici en pleine floraison.

Pirola minor L.

Soyeria paludosa Godr.

Dentaria digitata Lam., réuni ici, comme à la Grande-Chartreuse, au *D. pinnata* L.

Au débouché, dans la vallée de la Kander, l'herborisation cesse. Il est quatre heures, et il faut que nous marchions encore pendant trois heures et demie pour arriver à Frutigen, où nous devons passer la nuit. Mais la route est belle et tracée au milieu de l'un des plus magnifiques paysages du pays bernois. Les plus fatigués feront une halte à Kandersteg (altitude 1200 mètres), et à huit heures du soir, nous serons tous réunis à Frutigen (altitude 710 mètres). Si la journée a été rude, elle a été bonne, et demain sera presque un jour de repos (1).

La journée du 12 fut consacrée au repos, du moins au repos relatif. A cinq heures du matin nous partîmes en voiture pour Thun (altitude 565 mètres), d'où le bateau à vapeur nous transporta à Neuhaus. De Neuhaus, voiture pour Interlaken et Lauterbrunnen; visite au Staubach, dont les eaux, précipitées d'une hauteur de 310 mètres, tombent à l'état de complète pulvérisation ; excursion de quelques-uns (qui ne se rendront à Berne que dans la nuit ou demain matin) à la Scheideck, pour mieux voir la Jungfrau; retour à Thun (2) et chemin de fer pour Berne, où nous trouvons nos bagages séparés de nous depuis Martigny. La soirée fut consacrée à nos collections.

La première matinée du 13 fut encore donnée à nos plantes et à visiter Berne, en commençant par le Jardin botanique, les musées, les fontaines grotesques, bon spécimen de ce genre en Suisse, la tour de l'horloge, le Muenster gothique et la plate-forme ou terrasse, d'où l'on a une belle vue de l'Oberland, et finissant par les ours, qui depuis peu d'années habitent leur nouveau palais au bout du pont de l'Aar. A dix heures, nous prîmes le chemin de fer pour Soleure.

A une heure du soir, nous arrivions à la gare de Soleure, d'où nous partîmes immédiatement pour faire une excursion au Weisenstein.

Berne (élevée, à la plate-forme, de 36 mètres sur le lit de l'Aar) est à une

(1) Ce compte rendu ne donnerait pas tous ses enseignements si je ne consignais ici une aventure qui n'a été que burlesque, mais qui pouvait prendre une tournure sérieuse. Il avait été convenu, entre quelques-uns des étudiants qui s'étaient arrêtés à Kandersteg et quelques autres faisant partie de l'avant-garde, que lorsque les premiers arriveraient à Frutigen, ils sonneraient du cor de montagne, pour annoncer à ceux-ci leur présence ; ce qui eut lieu. En entendant leurs camarades, les premiers arrivés répondirent aussi avec le cor du haut du balcon de l'hôtel. Le plaisir de se revoir, et surtout d'être arrivé au terme de l'étape, excitait les bruyants musiciens, quand on vit déboucher sur la place, syndic en tête, une foule d'habitants à l'air inquiet, et dont plusieurs portaient des seaux et des cruches remplis d'eau. C'est que le tocsin est sonné à Frutigen avec des cornes de bergers (dont beaucoup avaient fait provision à Chamounix), et qu'on avait cru à l'incendie de l'hôtel ! Le syndic, d'abord furieux, finit par rire avec tout le monde.

(2) Notre bonne étoile nous fit rencontrer, sur le bateau du lac de Thun, M. le professeur Ruetimayer (de Bâle), savant géologue et botaniste, qui descendait de Muerren (alt. 1650), où croissent : *Lychnis alpina* L., *Saxifraga Kochii* Horng, *Thlaspi rotundifolium*, etc., dont il nous offrit de beaux échantillons. Il avait aussi visité le Stockhorn (alt. 2198), où croît le *Petrocallis pyrenaica* Br., et rapporté l'*Achillea nana* de la Grimsel. A Thun même, nous trouvâmes, dans un tas de laiches qui avaient servi à protéger du fruit envoyé au marché, le *Carex Buxbaumii* Wahlenb., que nous avions récolté en 1858 dans les prairies du Rhin, près de Benfeld. Une autre plante intéressante et presque étrangère à la France, le *Trientalis europæa* L, rapportée des environs par un touriste, ornait le salon de l'hôtel de la Couronne.

altitude de 538 mètres, Soleure (au niveau de l'Aar) à 418 mètres, le Rœthi, sommet du Weisenstein, dernier des hauts massifs jurassiques, à 1320 mètres. C'était donc une ascension de 900 mètres que nous avions à faire en herborisant, sans compter le retour.

Laissant la cluse d'Ænsingen, où, au lieu dit *Navalle*, croît l'*Iberis saxatilis* L. (espèce que nous avait recommandée M. le professeur Ruetimayer comme étant aussi rare en Suisse qu'en France), nous traversâmes la pittoresque gorge de l'Ermitage, ouverte par M. le baron du Breuil, émigré français, où nous vîmes :

Prenanthes purpurea L., près de la source miraculeuse de Sainte-Arsène.
Dentaria pinnata L., près de la chapelle et un peu plus haut.
Geranium silvaticum L., du côté de la cellule de l'ermite.
Melica nebrodensis Parlat., exposition sud, au sortir de la gorge.

Après avoir dépassé une ferme, nous montons par un bois de Pins couvrant un contre-fort de la montagne, et où croissent :

Sorbus Aria Crantz.
Merulius Cantharellus Pers., Champignon connu à Paris sous le nom de *girole* et dont nous fîmes ample provision pour le souper.
Phalangium ramosum Lam.

Tout en escaladant la montagne, d'abord par un sentier en lacet tracé sur sa face méridionale, ensuite par un long escalier en bois fort semblable à une échelle de meunier, nous cueillîmes :

Thesium alpinum L.
Teucrium montanum L.
Cotoneaster vulgaris Lindl.
Amelanchier vulgaris Mœnch.
Carduus defloratus L.
Digitalis lutea L.
Coronilla Emerus L., en fructification.
Erinus alpinus L., en fructification.
Draba aizoides L., en fructification.
Asplenium Halleri DC.
Cystopteris fragilis Bernh.
Rubus saxatilis L.
Hieracium amplexicaule L.
H. staticifolium Vill., en fructification.
Globularia cordifolia L., en fructification.
Arabis Turrita L., en fructification.
Imperatoria Ostruthium L.
Laserpitium latifolium L.

Bellidiastrum Michelii Cass., en fructification.
Kernera saxatilis Rchb., en fructification.
Heracleum alpinum L.

Et plus haut, dans les lieux découverts et les hauts pâturages qui s'étendent entre l'auberge (où le *Spiræa Aruncus*, rapporté par les baigneurs et buveurs de petit lait, orne le salon) et le sommet du Rœthi :

Crepis aurea Cass.
Trifolium montanum L.
Orchis ustulata L.
Epipactis atro-rubens Hoffm.
Gymnadenia conopsea R. Br.
G. viridis Rich., la petite forme alpine.
Nigritella angustifolia Rich.
Spiranthes æstivalis Rich.
Gentiana lutea L.
G. cruciata L.
G. acaulis L.
G. verna L.
G. bavarica L.
G. nivalis L.
G. campestris L.
Leontodon hastilis L., petite forme alpine.

Au sommet des escarpements nord, dans lesquels le temps ne nous permet pas de descendre, nous trouvons :

Galium silvaticum L., forme alpestre se rapprochant un peu du *G. helve-*
    ticum.
Alnus viridis L.
Senecio Fuchsii Gmel.
Adenostyles albifrons Rchb.
Biscutella lævigata L.
Valeriana montana L., remplacé dans les Vosges par le *V. tripteris* L.
Cystopteris montana Link.
Hieracium villosum L. Cette espèce, répandue sur les hauts sommets du
    Jura, depuis le Reculet jusqu'au point où nous sommes, paraît avoir ici sa
    limite nord-est; peut-être en raison de l'abaissement de la chaîne vers
    l'Argovie, où aucun sommet n'atteint même à 900 mètres.

C'est en vain, d'ailleurs, que nous cherchons l'*H. glabratum* Hoppe, si-gnalé tout particulièrement à notre attention. Au fond d'escarpements, nous apercevons, sans pouvoir y descendre, le *Mulgedium alpinum* Less. et le *Campanula latifolia* L. Le *Rhododendron ferrugineum*, qui croît sur quel-

ques hauts sommets du Jura méridional, fait ici complétement défaut; il en
est de même de l'*Arnica montana* L., espèce d'ailleurs presque étrangère
aux formations jurassiques.

Nous cueillons encore :

Erigeron alpinus L.
Campanula pusilla Hænke.
Asplenium Halleri DC., quelques touffes dans les fissures du rocher.
Daphne alpina L.

En descendant dans la direction du nord-est, on pourrait trouver, d'après
les renseignements recueillis, le *Gentiana asclepiadea* L., belle espèce que
nous n'avons pas encore aperçue et qu'autrefois j'ai vue répandue avec abondance dans les hautes et fraîches prairies des environs de Saint-Gall ; mais
déjà il est six heures !

Revenant sur la crête du Rœthi, nous contemplons un instant, par un beau
soleil couchant, l'admirable panorama des crêtes blanches de l'*Oberland*, qui
se déroulent en face de nous, depuis l'humble Righi, situé à gauche, jusqu'à la Bluemlisalp (la blanche fleur des Alpes) et à l'Alt-Els à droite. Au
milieu se dégagent le Finster-Aarhorn (alt. 4362 mètres) et la Jungfrau
(alt. 4180 mètres), sommets les plus élevés des Alpes après le Mont-Blanc
(4810 mètres) et le Mont-Rose (4636 mètres) (1). A l'arrière-plan on distingue, plus à gauche, le Mont-Rose, à droite et plus au fond, la croupe
imposante du Mont-Blanc que précède la crête nord des Aiguilles-Rouges et
même du Brévent, qui nous rappelle l'une de nos plus belles excursions. A nos
pieds sont l'Aar, les lacs de Bienne, de Morat et de Neuchâtel ; à l'extrème
gauche, les montagnes du Tirol ; derrière nous la pittoresque vallée de Muenster et les divers étages du Jura et des Vosges.

Mais il faut nous arracher à ce panorama, l'un des plus beaux et le plus
étendu de la Suisse. La nuit pourrait nous surprendre dans la montagne, et
une carte, fort bonne d'ailleurs, est notre seul guide. *Spéculant* (2) sur Soleure
par la première gorge à droite au-dessous du Rœthi, nous cueillons en
courant :

Lonicera alpigena L., en fructification.
L. Xylosteum L.
Ribes alpinum L.
Rumex arifolius All.

---

(1) Un peu plus élevé que la Jungfrau, le Vélan a 4200 mètres ; le Pelvoux, en
Dauphiné, suit de près (4176 mètres suivant M. Lory).
(2) Depuis les excursions botaniques aux Vosges et en Dauphiné en 1858, les
botanistes parisiens disent, avec Topffer (*Voyages en zigzag*), qu'ils *spéculent* quand ils
descendent les montagnes droit devant eux, sans s'occuper des chemins ni des sentiers en
lacet qu'ils coupent.

Rumex obtusifolius L., grande forme qui a été prise pour le *R. alpinus*, étranger au Jura.

Peu après avoir dépassé des chalets, nous rejoignons le sentier que complète un escalier de bois accolé aux flancs du rocher, et, à huit heures, nous rentrons à Soleure. La grande excursion botanique pour 1860 est terminée.

Commencée sur un rameau du Jura, soudé au-dessus de Genève à la chaîne du Mont-Blanc, c'est aussi sur le Jura, avant que celui-ci se soit abaissé pour se perdre dans les collines des pays de Bâle et d'Argovie, qu'auront été cueillies les dernières plantes. Entre la première et la dernière journée d'herborisation on s'est avancé à l'intérieur des grandes Alpes. Ici la végétation, attardée, n'a pas donné dans le voisinage des glaciers tout ce qu'on pouvait espérer ; là, au contraire, par les mêmes causes, la récolte a été assez fructueuse, malgré l'époque avancée de l'année. Dans son ensemble, ce voyage botanique, heureusement effectué, ajoute notablement à nos herbiers et laissera dans nos esprits de bons souvenirs (1).

Demain nous rentrerons à Paris par Bâle, où MM. Walker et Ross, nos bons compagnons jusqu'à la dernière heure (maintenant nos collègues à la Société botanique de France), nous quitteront pour se rendre à Édimbourg par le Rhin et la Hollande.

LISTE DES MOUSSES RÉCOLTÉES DANS L'EXCURSION BOTANIQUE DIRIGÉE PAR M. CHATIN, DU 2 AU 10 AOUT 1860, DE BONNEVILLE A L'HOSPICE DU GRAND SAINT-BERNARD, PAR LA VALLÉE DE L'ARVE, LE COL DE BALME, LE COL DE LA FORCLAZ ET LA VALLÉE DE LA DRANCE, par **M. Ernest ROZE.**

Weisia crispula Hedw. — Mont-Brizon (près Bonneville) ; col de la Forclaz.
Cynodontium polycarpum Schimp. var. *strumiferum*. — Mont-Brizon ; pont Pélissier (route de Servoz à Chamounix) ; col de Balme.
Dicranella squarrosa Schimp. var. *major*. — Route de Saint-Pierre au grand Saint-Bernard, dans les petits ruisseaux qui se jettent dans la Drance (stérile).

(1) Une première tristesse est venue cependant nous atteindre. M. Defrance, qui nous avait quittés à Berne pour explorer les bords du lac des Sept-Cantons, est mort à Paris quelques mois après son retour. Déjà un peu souffrant à Berne, il y avait reçu les soins de nos amis les docteurs Gontier et Legendre. Géologue consommé et botaniste instruit, M. Defrance s'occupait en particulier, avec ardeur et succès, de l'étude des fossiles et de celle des Mousses. Dessinateur au Dépôt des cartes de la guerre, il y a marqué son passage par la découverte d'un procédé ingénieux de gravure (appliqué à la reproduction du dessin), que S. Exc. le maréchal Vaillant signala à l'attention de l'Académie des sciences dans la séance du 29 novembre 1858. Modeste et doux, M. Defrance était toujours prêt à servir ceux qui faisaient appel à son cœur, à sa science de naturaliste, ou à son talent dans le dessin. Sa fin prématurée (il est mort à trente ans !) nous cause à tous une profonde douleur.

Dicranella subulata Schimp. — Priampraz (Mont-Brévent); hospice du grand Saint-Bernard.

Dicranum falcatum Hedw. — Hospice du grand Saint-Bernard (mêlé au *Polytrichum sexangulare*).

D. fuscescens Turn. — Col de Balme.

Didymodon rubellus Br. et Sch. — Bains Saint-Gervais.

Distichium capillaceum Br. et Sch. — Montanvert.

Ceratodon purpureus Brid. — Le Chapeau.

Desmatodon latifolius Br. et Sch. — Col de Balme.

Barbula tortuosa Web. et Mohr. — Mont-Brizon; Mont-Saxonnex; col de la Forclaz (bien fructifié).

Cinclidotus fontinaloides P. de Beauv. — Route de Cluses à Sallanches.

Grimmia apocarpa Hedw. — Chamounix.

G. pulvinata Smith. — Cluses.

G. Schultzii Wils. — Route de Sallanches à Servoz.

G. trichophylla Grev. — Route de Cluses à Sallanches.

G. ovata Web. et Mohr. — Montanvert; Mont-Brévent.

G. commutata Hueb. — Pont Pélissier; le Chapeau.

G. alpestris Schleich.? — Col de Balme.

Rhacomitrium aciculare Brid. — Pont Pélissier.

Rh. sudeticum Br. et Sch. — Mont-Brévent.

Rh. heterostichum Brid. var. *gracilescens*. — Route de Sallanches à Servoz.

Rh. microcarpum Brid. — Mont-Brizon.

Rh. canescens Brid. — Mont-Saxonnex; col de Balme (bien fruct.).

Hedwigia ciliata Hedw. — Pont Pélissier (fruct.).

Ulota Hutchinsiæ Schimp. — Mont-Brizon; pont Pélissier.

U. crispa Brid. — Col de la Forclaz.

Orthotrichum anomalum Hedw. — Montée de la grotte de Balme.

O. speciosum Nees. — Mont-Brévent.

O. rupestre Brid. — Route de Sallanches à Servoz.

O. leiocarpum Br. et Sch. — Cluses.

Tetraphis pellucida Hedw. — Mont-Brizon (fruct.).

Encalypta ciliata Hedw. — Bains Saint-Gervais; le Chapeau; route de Saint-Pierre au grand Saint-Bernard.

Webera polymorpha Schimp. — Mont-Saxonnex.

W. elongata Schwægr. — Montanvert; grand Saint-Bernard; col de la Forclaz.

W. nutans Hedw. — Route de Sallanches à Servoz.

W. cucullata Schimp.? — Grand Saint-Bernard.

W. cruda Schimp. — Bains Saint-Gervais; col de la Forclaz.

W. cruda var. *minor*. — Grand Saint-Bernard.

Bryum bimum Schreb. — Pont Pélissier.

B. bimum var. *cuspidatum.* — Grand Saint-Bernard.

B. pallescens Schleich. — Bains Saint-Gervais; col de la Forclaz.

B. erythrocarpum Schwægr. — Chamounix.

B. capillare L. div. var.? — Route de Sallanches à Servoz; col de Balme; Mont-Brévent; Mont-Brizon; route du Chapeau à Argentières; grotte de Balme.

B. pseudotriquetrum Schwægr. — Mont-Brizon; pont Pélissier; grand Saint-Bernard.

B. turbinatum Schwægr. var. *latifolium.* — Argentières; cantine de Proz (stérile).

Mnium punctatum Hedw. — Mont-Brizon.

Meesia uliginosa Hedw. — Pont Pélissier; grand Saint-Bernard.

Bartramia ithyphylla Brid. — Mont-Brizon; bains Saint-Gervais.

B. pomiformis Hedw. var. *crispa.* — Mont-Brizon; col de Balme.

B. Halleriana Hedw. — Mont-Brizon; pont Pélissier; Brévent; col de Balme; grand Saint-Bernard.

B. Œderi Swartz. — Mont-Saxonnex.

Philonotis fontana Brid. — La Fléchère; le Mauvais pas près de la Mer de glace; route du grand Saint-Bernard, où il était commun et bien fructifié.

Pogonatum urnigerum P. de Beauv. — Mont-Brizon; route du grand Saint-Bernard.

P. alpinum Rœhl. — Mont-Brévent; Montanvert; col de Balme.

Polytrichum sexangulare Hoppe. — Abondant, en gazons serrés, près de l'hospice du grand Saint-Bernard (l'urne, encore jeune, était recouverte de sa coiffe).

P. formosum Hedw. — Col de Balme.

P. strictum Menzies. — Priampraz (Mont-Brévent).

Neckera crispa Hedw. — Mont-Brizon et Mont-Saxonnex (peu fruct.).

Thuidium tamariscinum Br. et Sch. — Mont-Saxonnex (fruct.).

Pterigynandrum filiforme Hedw. — Pont Pélissier; col de la Forclaz (bien fruct.).

Climacium dendroides Web. et Mohr. — Mont-Saxonnex (stérile).

Orthothecium intricatum Br. et Sch. — Col de Balme (fruct.).

Brachythecium populeum Br. et Sch. — Route de Sallanches à Servoz, sur les rochers.

Plagiothecium denticulatum Br. et Sch. var. *densum.* — Col de Balme.

Hypnum uncinatum Hedw. — Pont Pélissier; col de Balme; grand Saint-Bernard.

H. commutatum Hedw. — Mont-Brizon; grand Saint-Bernard (bien fruct.).

Hypnum cupressiforme L. — Bonneville (1).
H. molluscum Hedw. — Mont-Brizon ; de Sallanches à Servoz (fruct.).
Hylocomium splendens Schimp. — Mont-Saxonnex (fruct.).
H. triquetrum Schimp. — Pont Pélissier (stérile).
Andreæa petrophila Ehrh. var. *pygmæa.* — Sur les rochers exposés au midi de Priampraz (Mont-Brévent).

Cette liste de Mousses, classée d'après le récent ouvrage de M. Schimper, *Synopsis Muscorum europæorum*, est composée de presque toutes celles que j'ai pu récolter pendant cette excursion, à l'exception de quelques *Grimmia* et *Bryum* qu'il a été impossible de déterminer avec certitude, soit à cause de leur stérilité, soit par suite de l'état trop incomplet ou trop avancé des échantillons. Quoi qu'il en soit, elle pourra toujours donner un aperçu de la végétation bryologique de ces régions alpines, où l'on retrouve encore un certain nombre des Mousses communes dans nos contrées, jusqu'à ce qu'en gravissant les crêtes glacées, on ne découvre plus que des espèces caractéristiques, telles que les *Dicranum falcatum* et *Polytrichum sexangulare*, dont les fonctions de végétation et de reproduction paraissent ne pouvoir s'effectuer que sous l'influence immédiate de la fonte des neiges perpétuelles.

(1) Seul point de l'excursion où j'ai retrouvé cette espèce, que je n'ai revue nulle part au delà.

www.ingramcontent.com/pod-product-compliance
Lightning Source LLC
LaVergne TN
LVHW022029080426
835513LV00009B/937